农药经营人员教育培训教材

农药植保基础知识与相关法规

主编　张永平

云南出版集团公司
云 南 科 技 出 版 社
·昆　明·

图书在版编目（CIP）数据

农药植保基础知识与相关法规／张永平主编. -- 昆明：云南科技出版社，2018.4（2022.2重印）

ISBN 978-7-5587-1305-7

Ⅰ.①农… Ⅱ.①张… Ⅲ.①植物保护-农药防治-基本知识②植物保护-法规-中国-学习参考资料 Ⅳ.①S48 ②D922.681.4

中国版本图书馆CIP数据核字（2018）第082170号

责任编辑：唐坤红　洪丽春　曾　芫
责任校对：张舒园
责任印制：蒋丽芬

云南出版集团公司
云南科技出版社出版发行
（昆明市环城西路609号云南新闻出版大楼　邮政编码：650034）
云南创彩印刷有限公司印刷　全国新华书店经销
开本：889mm×1194mm　1/32　印张：8　字数：200千字
2018年5月第1版　　2022年2月第11次印刷
定价：20.00元

教材编写委员会

主　　任　李　晖

副 主 任　文　武　张振宇

主　　编　张永平

编写人员　李家鹏　施菊芬　张振宇　张　榉

审　　定　李　晖

前　言

为贯彻落实《农药管理条例》《农药经营许可管理办法》，大力培养熟悉农药管理规定、掌握农药和病虫害防治专业知识、能够指导安全合理使用农药的经营人员，确保农药经营单位的经营人员符合申请农药经营许可法定条件，通过调查研究和学习外地先进经验，结合实际，编写了本教材。

改革开放以后，农村实行以家庭联产承包责任制为经营主体的经营体制。为了满足广大农民治虫防病的需要，县市、乡镇、村级农药零售商应运而生，虽极大地方便了农民购药，但也存在许多不可回避的问题，其中以营销人员技术含量极低或不懂植保技术最为普遍。这也是由于农药经营进入门槛低，没有任何资质要求，谁都能卖农药，许多零售商不懂植保技术，有的甚至不识字，所卖农药普遍是推广20多年的高、剧毒农药，是要什么卖什么的被动型经营所致。作为一名植保工作者，我多年从事植保技术推广工作，为解决农民的治虫防病问题，常年在农业生产第一线指导工作。

当前农药经销商虽存在以上问题，但如能引起重视，加以培训和引导，可以成为当前农资流通的主要环节，应当从病虫草鼠害防治技术、农药知识、法律法规、经营理念等各个方面对终端商加以培训。从经营理念上引导经销商实现转变，调整好心态。

本教材主要以农药植保基础知识为主。从农业有害生物的识别、农业有害生物防治原理和技术措施、农药知识三个方面介绍了农药经营人员应具有的植保知识，附以相关法规和规范性文件。

本教材通俗易懂，具有较强的科学性、实用性和可操作性，主要供农药经营人员教育学习培训使用。

由于我们的水平有限，加之成稿仓促，书中缺点在所难免，如有不妥之处，欢迎读者批评指正。

编　者

目　　录

第一部分　职业素养

第二部分　职业技能（专业知识）

第三部分　技能实训

第四部分　相关法规和规范性文件

第一部分　职业素养

第一篇　营销人员职业道德的主要内容

一、通晓业务，优质服务

营销人员要博学多才，业务娴熟；要牢固树立服务至上的营销理念；要善于收集信息、把握市场行情；要灵活运用各种促销手段，拉近与客户的距离，成功进行沟通；要熟悉经销商品的性能，主动准确地传达商品信息；要为顾客排忧解难，满足他们的特殊要求。

二、平等互惠，诚信无欺

这是营销工作者最基本的行为准则。营销工作者在工作中不要要手腕，不坑蒙消费者，不擅自压价或变相提价；要恪守营销承诺，决不图一时之利损害企业信誉。

三、当好参谋，指导消费

营销是生产者与消费者之间的媒介和桥梁，营销工作者要在与消费者的沟通中，了解不同对象的不同需求，引导消费者接受新的消费观念。同时，又将消费者需求信息传达给生产者，以帮助企业改进和调整生产。

四、公私分明，廉洁奉公

生产者往往赋予营销工作者一定的职权，营销人员应经得起利益的诱惑，不赚取规定之外的私利，不进行转手倒卖等各种谋私活动。

第二篇　诚信是营销人员职业道德的核心

在市场经济高度发展的今天，市场竞争是优胜劣汰，靠的是信誉、质量、维护消费者的利益以赢得市场。在市场经济条件下，营销人员有职业道德才会有市场，不讲职业道德就会失去市场，无以为继。在营销职业中，只有诚实的劳动和创造，并通过守规、勤业和敬业的职业态度和职业行为，才能赢得众多的信任，所能实现的价值也就越大。在中国有一大批儒商凭借“诚信经商、童叟无欺”的经营理念而久负盛名，如历史上著名的以同仁堂、余庆堂为代表的百年老字号店，以及现代的日本松下公司、我国的海尔集团等成功的大企业，都是以讲诚信而兴旺发达，名扬天下。

第三篇　遵守职业道德是营销人员事业成功的保证

一、不讲职业道德就做不好营销工作

做事先做人，做人德为先。不会做人，便不能做事；不善做事，便不善经商；做人失败，想在经营事业上取得成功也很难。营销人员的工作是直接与人打交道，而且是具体做事的。如果就做事而做事，很难做成事，营销人员职业道德修养的高低，是其做成事的前提。

二、营销人员拥有良好的职业道德是事业成功的基础

营销人员具有良好的职业道德，能够培养良好的心理素质和健康的心态。在人际关系交往中，会遇到形形色色的人和各种各样的困难。这就要求营销人员既要有充分面对各种困难的心理准备，又要树立克服困难、知难而进的决心和信心。成功总是在战胜困难之后取得的。

第四篇　对营销人员职业素养的要求

农资营销人员是随着我国农用化学工业的发展而不断成长和壮大起来的，在农资业产能过剩，产品同质化越来越严重，买方市场业已形成的情况下，这支队伍在农资业的运营过程中的作用也显得越来越重要，农资营销人员的素质和市场业绩表现在一定程度上可以左右一个企业的生死存亡。在这种情况下，一方面农资企业加大了对营销人员的培训和投入力度；另一方面，作为营销人员自己又该如何提升自己，充实自己，经营自己，而能在较短的时间内，实现自身价值的最大化呢?

一、加强自身建设，不断提高自身的专业技能和业务素质

一个职业营销员必须具备良好的职业道德，能够本着对企业负责，对客户负责，对自己负责的态度开展工作。把爱心献给客户，把信心留给自己，用热心从事销售，用恒心取得业绩。同时应具备以下职业素质：

（一）真诚

真诚是营销人员的最基本的素质，缺乏真诚，营销人员就难以取得客户的信任，或者只能暂时骗得客户的信任，最终还是会失信于人。

（二）忠实

对企业的忠诚感，把自己的营销工作当作对企业的一种责任。以销售之名，行谋取私利之实，永远不会成为一名成功的营销人员。

（三）机敏

营销过程中，机遇无所不在，同时变数也很多，所以营销人员必须具备面对复杂的情况，能够迅速作出判断并及时采取对策的能力。

（四）创造力

营销是一种技巧，也是一种艺术，这些技巧和艺术更多来源于个人的独创。

（五）博学

只有虚心好学，处处留心，事事留意，才能具备广博的知识和健全的知识结构。

（六）热情

对本职工作充满热情，坦诚友善，积极乐观。

（七）礼貌

以礼待人，是创造良好的人际关系的基础，无疑，彬彬有礼，具有绅士风度的营销人员会给客户留下更深刻的印象。

（八）勇气

成功的营销人员能保持必胜的信念，不为困难吓倒，在陷入困境时能保持乐观和自信。

（九）进取心

对自己所取得的成绩永不满足，时刻以高标准激励自己，不陶醉于已取得的点滴成绩。

（十）勤奋

一分耕耘，一分收获，在营销过程中付出比别人更多的努力，就会取得更大的回报。

二、要积累人气，整合资源

营销人员要积累人气，把握人脉，整合各种资源为我所用，才能在错综复杂的营销环境中不断地锤炼自己，发展自己和完善自己，使自己在竞争激烈的市场环境中胜出。营销工作是一种综合性很强的工作，要做好一件事情，需要多个部门和单位的通力合作和密切配合才能圆满及时的完成，在今天这个“快鱼吃慢鱼”的市场大环境下，尤为重要。

在企业内部，作为一个营销人员所涉及的相关部门有：市场部、生产部、财务部、研发部、物流部，包括企业的绝大多数职能部门，作为一个营销人员务必与这些部门搞好关系，不然在关键时候，任何一个相关部门给你“来一下”，轻者会失去一单买卖，重者可能让你失去一个客户，甚至退出一方市场。

在企业外部也同样涉及诸多单位和机构，对营销人员来说，最重要的应该是客户，维护现有客户，开发潜在客户，提升客户的满意度，提高客户的忠诚度，这些都是营销人员的首要任务，没有客户资源的营销人员，那是最大的失败。和营销人员相关的其他利益机构还有广告公司、媒体、政府农业和经济执法部门，农业科研和推广机构等。总之，只有和方方面面的关系协调好并维系好，才能持续并稳固地提升自己的业绩，使自己得到持续有效的经营。

职业素养复习题

一、单项选择题

1. 关于道德，准确的说法是(　　)。
   A. 道德就是做好人好事
   B. 做事符合他人利益就是有道德
   C. 道德是处理人与人、人与社会、人与自然之间关系的特殊行为规范
   D. 道德因人、因时而异，没有确定的标准
2. 关于职业道德，正确的说法是(　　)。
   A. 职业道德有助于增强企业凝聚力，但无助于促进企业技术进步
   B. 职业道德有助于提高劳动生产率，但无助于降低生产成本
   C. 职业道德有利于提高员工职业技能，增强企业竞争力
   D. 职业道德只是有助于提高产品质量，但无助于提高企业信誉和形象
3. 我国社会主义道德建设的原则是(　　)。
   A. 集体主义　　B. 人道主义
   C. 功利主义　　D. 合理利己主义
4. 我国社会主义道德建设的核心是(　　)。
   A. 诚实守信　　B. 办事公道
   C. 为人民服务　　D. 艰苦奋斗
5. 《公民道德建设实施纲要》指出我国职业道德建设规范是(　　)。
   A. 求真务实、开拓创新、艰苦奋斗、服务人民、促进发展
   B. 爱岗敬业、诚实守信、办事公道、服务群众、奉献社会
   C. 以人为本、解放思想、实事求是、与时俱进、促进和谐
   D. 文明礼貌、勤俭节约、团结互助、遵纪守法、开拓创新

6. 关于道德评价，正确的说法是(　　)。

A. 每个人都能对他人进行道德评价，但不能做自我道德评价

B. 道德评价是一种纯粹的主观判断，没有客观依据和标准

C. 领导的道德评价具有权威性

D. 对一种行为进行道德评价，关键看其是否符合社会道德规范

7. 下列关于职业道德的说法中，正确的是(　　)。

A. 职业道德与人格高低无关

B. 职业道德的养成只能靠社会强制规定

C. 职业道德从一个侧面反映人的道德素质

D. 职业道德素质的提高与从业人员的个人利益无关

8.《公民道德建设实施纲要》中明确提出并大力提倡的职业道德的五个要求是(　　)。

A. 爱国守法、明礼诚信、团结友善、勤俭自强、敬业奉献

B. 爱岗敬业、诚实守信、办事公道、服务群众、奉献社会

C. 尊老爱幼、反对迷信、不随地吐痰、不乱扔垃圾

D. 爱祖国、爱人民、爱劳动、爱科学、爱社会主义

9. 职业道德建设的核心是(　　)。

A. 服务群众　　B. 爱岗敬业

C. 办事公道　　D. 奉献社会

10. 古人所谓的“鞠躬尽瘁，死而后已”，就是要求从业者在职业活动中做到(　　)。

A. 忠诚　　B. 审慎

C. 勤勉　　D. 民主

11. 职业化包括三个层面内容，其核心层是(　　)。

A. 职业化素养　　B. 职业化技能

C. 职业化行为规范　　D. 职业道德

12. 从我国历史和国情出发，社会主义职业道德建设要坚持的最根本的原则是(　　)。

A. 人道主义　　B. 爱国主义
C. 社会主义　　D. 集体主义

13. 在职业活动中，主张个人利益高于他人利益、集体利益和国家利益的思想属于(　　)。
A. 极端个人主义　　B. 自由主义
C. 享乐主义　　D. 拜金主义

14. 职业道德的“五个要求”既包含基础性的要求也有较高的要求。其中最基本要求是(　　)。
A. 爱岗敬业　　B. 诚实守信
C. 服务群众　　D. 办事公道

15. 在职业活动中，有的从业人员将享乐与劳动、奉献、创造对立起来，甚至为了追求个人享乐，不惜损害他人和社会利益。这些人所持的理念属于(　　)。
A. 极端个人主义的价值观　　B. 拜金主义的价值观
C. 享乐主义的价值观　　D. 小团体主义的价值观

16. 关于职业活动中的“忠诚”原则的说法，不正确的是(　　)。
A. 无论我们在哪一个行业，从事怎样的工作，忠诚都是有具体规定的
B. 忠诚包括承担风险，包括从业者对其职责本身所拥有的一切责任
C. 忠诚意味着必须服从上级的命令
D. 忠诚是通过圆满完成自己的职责，来体现对最高经营责任人的忠诚

17. “不想当将军的士兵不是好士兵”，这句话体现了职业道德的哪项准则？(　　)
A. 忠诚　　B. 诚信
C. 敬业　　D. 追求卓越

18. 个人要取得事业成功，实现自我价值，关键是(　　)。
A. 运气好　　B. 人际关系好

C. 掌握一门实用技术　　　　D. 德才兼备

19. 在现代工业社会，要建立内在自我激励机制促进绩效，关键不是职工满意不满意，而是他们的工作责任心。这句话表明(　　)。

A. 物质利益的改善与提升对提高员工的工作效率没有什么帮助

B. 有了良好的职业道德，员工的职业技能就能有效地发挥出来

C. 职业技能的提高对员工的工作效率没有直接的帮助

D. 企业的管理关键在于做好员工的思想政治工作

20. 要想立足社会并成就一番事业，从业人员除了要刻苦学习现代专业知识和技能外，还需要(　　)。

A. 搞好人际关系　　　　B. 得到领导的赏识

C. 加强职业道德修养　　　　D. 建立自己的小集团

21. 下列关于职业道德修养说法正确的是(　　)。

A. 职业道德修养是国家和社会的强制规定，个人必须服从

B. 职业道德修养是从业人员获得成功的唯一途径

C. 职业道德修养是从业人员的立身之本，成功之源

D. 职业道德修养对一个从业人员的职业生涯影响不大

22. 下列选项中，(　　)项是指从业人员在职业活动中，为了履行职业道德义务，克服障碍，坚持或改变职业道德行为的一种精神力量。

A. 职业道德情感　　　　B. 职业道德意志

C. 职业道德理想　　　　D. 职业道德认知

23. 在无人监督的情况下，仍能坚持道德观念去做事的行为被称之为(　　)。

A. 勤奋　　　　B. 审慎

C. 自立　　　　D. 慎独

24. 下列选项中，哪一个既是一种职业精神，又是职业活动的

灵魂，还是从业人员的安身立命之本。(　　)

A. 敬业　　B. 节约

C. 纪律　　D. 公道

25. 现实生活中，一些人不断地从一家公司“跳槽”到另一家公司，虽然这种现象在一定意义上有利于人才的流动，但是同时在一定意义上也说明这些从业人员(　　)。

A. 缺乏感恩意识　　B. 缺乏奉献精神

C. 缺乏理想信念　　D. 缺乏敬业精神

26. 关于“跳槽”现象，正确的看法是(　　)。

A. 择业自由是人的基本权利，应该鼓励“跳槽”

B. “跳槽”对每个人的发展既有积极意义，也有不利的影响，应慎重

C. “跳槽”有利而无弊，能够开阔从业者的视野，增长才干

D. “跳槽”完全是个人的事，国家企业无权干涉

27. 李某工作很出色，但他经常迟到早退。一段时间里，老板看在他工作出色的份上，没有责怪他。有一次，老板与他约好去客户那里签合同，老板千叮咛万嘱咐，要他不要迟到，可最终，李某还是迟到了半个小时。等李某和老板一起驱车到达客户那儿时，客户已经走人，出席另一个会议了。李某因为迟到，使公司失去了已经到手的好项目，给公司造成了很大损失。老板一气之下，把李某辞退了。对以上案例反映出来的问题，你认同下列的说法是(　　)。

A. 李某的老板不懂得珍惜人才，不体恤下属

B. 作为一名优秀员工，要求在有能力的前提下，还要具有良好的敬业精神

C. 那个客户没有等待，又去出席其他会议，表明他缺乏修养

D. 李某有优秀的工作能力，即使离开了这里，在其他的企业也会得到重用

28. 企业在确定聘任人员时，为了避免以后的风险，一般坚持的原则是(　　)。

A. 员工的才能第一位　　B. 员工的学历第一位

C. 员工的社会背景第一位　　D. 有才无德者要慎用

29. 从业人员对待上门投诉的顾客所持的态度中，正确的是(　　)。

A. 认为这很丢面子，尽量避免与顾客碰面

B. 认为有损于公司形象，想办法冷处理

C. 按照对方损失情况给予赔偿，让顾客尽快离开

D. 把这件事当作纠正错误的一次机会

30. “一个好汉三个帮，一个篱笆三个桩”说明了(　　)。

A. 勇于创新是成功的重要条件

B. 团结协作是成功的保证

C. 勤劳节俭是重要的社会美德

D. 诚实守信是为人之本

31. 正确说明了社会主义道德规范与法律规范之间关系的表述(　　)。

A. 二者没有任何关联

B. 二者完全重合

C. 法律规范涵盖道德规范

D. 二者部分重叠

32. 企业工作人员应当坚持实事求是的作风，(　　)。

A. 一切从实际出发　　B. 对领导言听计从

C. 坚持本本主义　　D. 努力提高自身思想素质

33. “一言既出，驷马难追”说明(　　)。

A. 态度谦卑是为人之本

B. 诚实守信是为人之本

C. 行为适度是为人之本

D. 说话简洁是为人之本

34. 以下关于从业人员与职业道德关系的说法中，你认为正确

的是(　　)。

A. 每个从业人中都应该以德为先，做有职业道德之人

B. 只有每个人都遵守职业道德，职业道德才会起作用

C. 遵守职业道德与否，应该视具体情况而定

D. 知识和技能是第一位的，职业道德则是第二位的

35. “舟必漏而后入水，土必湿而后苔生”说明(　　)。

A. 要努力实现自身的社会价值

B. 要从细微处严格要求自己

C. 要积极向前人学习

D. 要正确处理公与私之间的关系

36. 承担产品质量义务的主体是(　　)。

A. 生产经营者　　B. 销售经营者

C. 消费者　　D. 供应商

37. 分销渠道的(　　)是指厂商选择几条渠道进行某产品的分销活动，而非几个批发商或几个零售商的问题。

A. 长度　　B. 宽度

C. 广度　　D. 深度

38. 分销渠道的起点是(　　)。

A. 生产者　　B. 批发商

C. 代理商　　D. 中介机构

39. 服务营销的核心理念是(　　)。

A. 研究如何促进作为产品的服务的交换

B. 顾客满意和顾客忠诚，通过取得顾客的满意和忠诚来促进相互有利的交换，最终实现营销绩效的改进和企业的长期成长

C. 研究如何利用服务作为一种营销工具促进有形产品的交换

D. 将服务用于出售或者是同产品连在一起进行出售

40. 一位销售人员对一位业务经理说：“我有一本书能帮助您改善业务流程，如果您打开后发现很有趣，您会读一读

吗?”这种接近顾客的方法叫作(　　)。

A. 好奇接近法　　B. 求教接近法

C. 问题接近法　　D. 调查接近法

41. 市场营销理论的中心是(　　)。

A. 消费　　B. 交换

C. 需求　　D. 欲望

42. 消费者依据(　　)权可以要求经营者提供的商品和服务符合保障人身、财产安全的要求。

A. 安全保障　　B. 公平交易

C. 自主选择　　D. 获得知识

43. 谈判礼仪中，女性选择首饰的原则是(　　)。

A. 不戴不行　　B. 同质同色

C. 色彩多样　　D. 异质同色

44. 在谈判过程中，当对方要求我方让步时，我方则强调保持与我方的业务关系，能够给对方带来长期的利益，以及本次交易的成功与否对这种关系建立的重要性。这种让步策略是(　　)。

A. 予远利谋近惠的让步策略

B. 互利互惠的让步策略

C. 己方丝毫无损的让步策略

D. 色拉米式让步策略

45. 销售人员问：“李工程师，你是机电产品方面的专家，你看看与同类老产品相比，我厂研制并生产的产品有哪些优势?”这种接近顾客的方法叫作(　　)。

A. 好奇接近法　　B. 求教接近法

C. 问题接近法　　D. 调查接近法

46. (　　)在注意与对方人际关系的同时，建议和要求谈判双方尊重对方的基本需求，寻求双方利益上的共同点，积极设想各种使双方都有所获的方案。

A. 价值型谈判　　B. 软型谈判

C. 价格型谈判　　　　D. 硬型谈判

47. (　　)是由出票人签发的，委托付款人在见票时或者在指定日期无条件支付确定的金额给收款人或者持票人的票据。

A. 支票　　　　B. 本票

C. 兑票　　　　D. 汇票

48. 关于“回款陷阱”，下列说法正确的是(　　)。

A. 应该依赖实力强大的中间商

B. 出现欠款，业务员不但不积极追款，反而处处为其客户辩解，他可能吃客户的回扣了

C. 为了争取客户，可以对客户延期付款过于宽容

D. 厂家急于销货，在付款条件上做无条件的让步

49. 营销道德的基本原则中，不包括(　　)。

A. 守信原则　　　　B. 负责原则

C. 公平原则　　　　D. 逐利原则

50. 当顾客确实不需要或已经有了同类产品时，营销员应(　　)。

A. 立刻停止销售　　　　B. 继续劝说

C. 再尝试一次　　　　D. 再接再厉

51. 组织或企业应处理好的一种最重要的外部关系是(　　)。

A. 媒介关系　　　　B. 消费者关系

C. 政府关系　　　　D. 社区关系

52. 广告主自行或者委托他人设计、制作、发布广告时，应注意所推销的商品或者所提供的服务应当符合广告主的(　　)。

A. 经营时限　　　　B. 经营范围

C. 生产时间　　　　D. 生产范围

53. 一位服装店的销售人员在销售服装时说：“您看这件衣服式样新颖美观，是今年最流行的款式，颜色也合适，您穿上一定很漂亮，我们昨天刚进了四套，今天就只剩下两套

了。”这属于(　　)。

A. 选择成交法　　B. 局部成交法

C. 假定成交法　　D. 从众成交法

54. 信誉是指信用和声誉，它是在长时间的商品交换过程中形成的一种(　　)关系。

A. 依赖　　B. 公平

C. 信赖　　D. 买卖

55. 销售人员上前招呼：“怎么样？买一件吧。要黑色的、蓝色的、红色的，还是白色的？”这属于(　　)。

A. 选择成交法　　B. 局部成交法

C. 假定成交法　　D. 请求成交法

56. 通过销售人员的自我介绍或他人介绍来接近顾客的方法，被称为(　　)。

A. 商品接近法　　B. 介绍接近法

C. 社交接近法　　D. 馈赠接近法

57. 语言是人们表达(　　)的工具，也是一门艺术。

A. 思想感情　　B. 购买欲望

C. 社会需求　　D. 知识见闻

58. 世上最蹩脚的推销员不外乎以下几类，向因纽特人推销冰箱，向乞丐推销防盗报警器，向和尚推销生发油和梳子。这个笑话是指认定顾客资格的“MAN 法则”中的(　　)不具备。

A. 商品购买力　　B. 商品购买决定权

C. 商品的需求　　D. 商品购买渠道

59. 销售人员利用市场调查的机会接近顾客的方法，被称为(　　)。

A. 好奇接近法　　B. 求教接近法

C. 问题接近法　　D. 调查接近法

60. 根据市场营销学原理，促销的实质是(　　)。

A. 推销　　B. 营销

C. 沟通　　D. 销售

61. 对于负值客户企业应该进行战略性的放弃，之所以是战略性放弃，是因为(　　)。

A. 改变最有价值客户衰退趋势

B. 制订客户忠诚计划

C. 对负值客户不能简单地放弃，还要有区分地进行放弃

D. 从二级客户身上获取更多的收入

62. 能用口头表达和解释的，就不要用文字来书写，这指的是报价解释中的(　　)原则。

A. 不问不答　　B. 有问必答

C. 避虚就实　　D. 能言不书

63. 比较灵活、迅速，便于在仓库、码头、车站等直接装载货物的运输工具是(　　)。

A. 轮船　　B. 飞机

C. 火车　　D. 汽车

64. 商务谈判中最敏感、最艰难的谈判是(　　)。

A. 议程谈判　　B. 价值谈判

C. 目的谈判　　D. 价格谈判

65. 市场营销思考问题的出发点是(　　)。

A. 目标市场的大小

B. 所能提供的产品的功能特征

C. 消费者的需求和欲望

D. 企业的各种资源状况

66. 当促销活动开始时，中间商清点存货量，再加上进货量，减去促销活动结束时的剩余库存量，其差额即厂家需给予补贴的实际销货量，再乘以一定的补贴费。这种补贴叫作(　　)。

A. 现金补贴　　B. 广告补贴

C. 点存货补贴　　D. 恢复库存补贴

67. 关系营销是指(　　)。

A. 企业开展公共关系的营销方式

B. 企业搞好与政府有关部门关系的营销

C. 以系统论为基本思想，建立并发展与消费者、竞争者、供应者、分销商、政府机构和社会组织的良好关系的营销

D. 根据顾客之间的关系来开展营销

68. 寻找潜在客户时，连锁介绍最突出的优点是(　　)。

A. 成功率较高　　B. 涉及客户范围广

C. 易掌握客户的反应　　D. 节约人力

69. 当谈判陷入僵局时，如果双方的利益差距在合理限度内，有意将合作条件绝对化，并把它放到谈判桌上，明确表明自己无退路，希望对方能让步，这种谈判策略是(　　)。

A. 无理要求　　B. 借题发挥

C. 釜底抽薪　　D. 适度退让

70. 在可能导致谈判僵局的主题中，最敏感的是(　　)。

A. 标准　　B. 价格

C. 违约责任　　D. 技术要求

二、判断题（对的打“√”，错的打“×”）

1. 公务礼仪，通常是指从业人员在执行公务或俗称“上班”时间内，应遵守的基本礼仪规范。(　　)

2. 一个人若能在无人监督的情况下，不做任何不道德的事，这就达到了一种崇高的精神境界，即慎独。(　　)

3. 职业是区别人与动物的一个很重要的标志，是人的专利，是做人的根本。(　　)

4. 人生在世，最重要的有两件事：一是学做人；二是学挣钱。(　　)

5. 职业道德的产生是以社会分工为基础的。(　　)

6. 全心全意为人民服务是社会主义职业道德的核心。(　　)

7. 集体主义不是社会主义职业道德的基本原则。(　　)

8. 诚实守信是社会主义职业道德的基本要求，是每个从业者

是否有职业道德的首要标志。（ ）

9. 爱岗敬业是为人处世的基本准则，是我们中华民族的传统美德，是从业人员对社会、对人民所承担的义务和职责，是人们在职业活动中处理人与人之间关系的道德准则。（ ）

10. 服务群众是为人民服务思想在职业活动中的具体表现，它表明了社会主义职业活动的目的。（ ）

11. 与爱岗敬业、诚实守信、办事公道和服务群众这四项规范相比较，奉献社会是职业道德中的最高境界，同时也是做人的最高境界。（ ）

12. 一般认为，职业素质由思想政治素质、科学文化素质、专业技能素质和身体心理素质四个方面的内容构成。（ ）

13. 职业精神的实践内涵体现在敬业、勤业、创业、立业四个方面。（ ）

14. 职业道德素质，是指从业者在职业活动中表现出来的遵守职业道德规范的状况和水平。（ ）

15. 诚实是人的一种道德品质，其显著特点是一个人在社会交往中不讲假话。（ ）

16. 文化水平是职业素质的灵魂，它是人们从事职业、成就事业的精神支柱。（ ）

17. 敬业本质上是一种文化精神，是职业道德的集中体现；是从业者希望通过自身的职业实践，去实现自身的文化价值追求和职业伦理观念。（ ）

18. 陪客人走路，一般要请客人走在自己左边。（ ）

19. 正常人产生疲劳后，休息一宿就可使精力恢复正常。如果隔天起身，还是觉得十分疲劳，并且持续一段时间，这种状态就是慢性疲劳症。（ ）

20. 怎样解决好同上司之间的矛盾，是下属感到棘手的问题，因为矛盾的主动权掌握在同事手中。（ ）

第二部分
职业技能（专业知识）

第一篇　农业有害生物的识别

农业有害生物包括动物、植物、微生物乃至病毒。像危害植物的各种害虫、有害动物（老鼠、蜗牛、螨类等）、病原微生物（真菌、细菌、放线菌病毒、类病毒、立克次体、类菌质体、线虫）和寄生性种子植物（菟丝子、槲寄生、桑寄生、列当）等。田间杂草因具有对栽培植物的侵害性，往往也包括在内。

第一章　昆虫识别

为害植物的害虫大多数属于昆虫，仅少数几种为部分螨类。昆虫属于节肢动物门昆虫纲，常见的苍蝇、蚊子、蝴蝶、蝗虫、蚂蚁等都是昆虫。昆虫和其他动物相比之下，具有以下五大特征：

（1）体躯分为头、胸、腹三个体段。

（2）头部是感觉和取食的中心。上有一对触角，一对复眼，数个单眼，还有取食用的口器。

（3）胸部是运动的中心。有三对足，两对翅。

（4）腹部是生殖和代谢的中心。无行动用的附肢。

（5）昆虫的胚后发育具有变态。

“体躯三段：头、胸、腹，有翅能飞六只足。”

像蜈蚣（多足纲）、蜘蛛（蛛形纲）、虾（甲壳纲）等不是昆虫，不具以上五大特征。

昆虫是动物界中种类最多、数量最大、分布最广的一个类群。已知昆虫已有100多万种。有些种类数量十分惊人：如白蚁一生可产卵数百万粒；一种旺盛的蜂群多达5万~8万头蜂；1株树可拥有10万头蚜虫个体；害虫猖獗成灾时，其数量之多更难以准确统计。昆虫分布遍及世界各个角落，从寒带到热

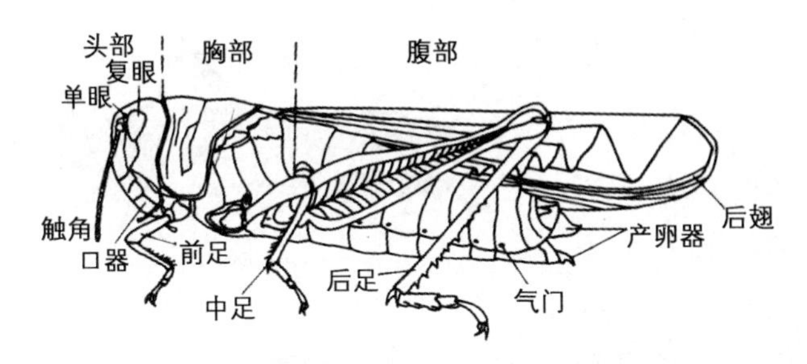

图 3-1　蝗虫的外部形态（去掉一侧的翅）

带，从高山到平原，在土壤里，在流水里，海洋中，在生物体上，在浩瀚的沙漠干洲中，均有昆虫栖息生活。

昆虫具有较高的繁殖能力和适应性，它们为害果木，造成损失，并传播疾病，这一类属于害虫。另一类昆虫直接或间接地对人类有益的称为益虫。如蜜蜂会酿蜜，蚕能吐丝，姬蜂、寄蝇可寄生在害虫的体内（寄生性），瓢虫、蜻蜓、螳螂能捕食害虫（捕食性），五倍子、白蜡虫、紫胶虫能提供有用的资源等。

第一节　昆虫的外部形态

一、昆虫的头部及其附器

头部是昆虫体躯最前的一个体段，是一个坚硬的头壳，生有一对触角、一对复眼和数个单眼，还有取食的口器，头部是感觉和取食的中心。

（一）昆虫头部的分区

昆虫头壳坚硬，呈半球型，由沟和缝划分为若干区。头的前方部分称为“额区”，额区的上方部分称为“头顶”，额区的两侧部分称为“颊区”，额区的下方部分称为“唇基区”，额区的后方部分称为“后头区”。

（二）头式

昆虫根据口器的着生位置，可分为 3 种头式。

1. 下口式

口器向下，与身体的纵轴几乎成直角，如蝗虫、螳螂等。

这类昆虫适于取食植物组织。

2. 前口式

口器向前，与身体的纵轴几乎平行，如步甲、草蛉幼昆虫等。大多见于捕食性或钻蛀打洞的昆虫。

3. 后口式

口器向后，与身体的纵轴成一锐角，如蚜虫、蝽象等。主要以取食植物体内的汁液为主。

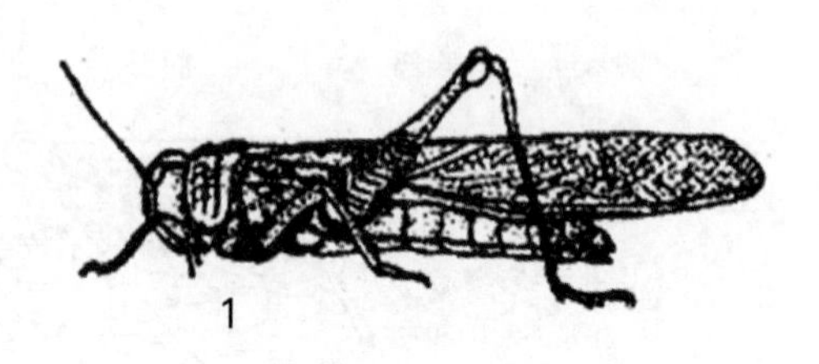

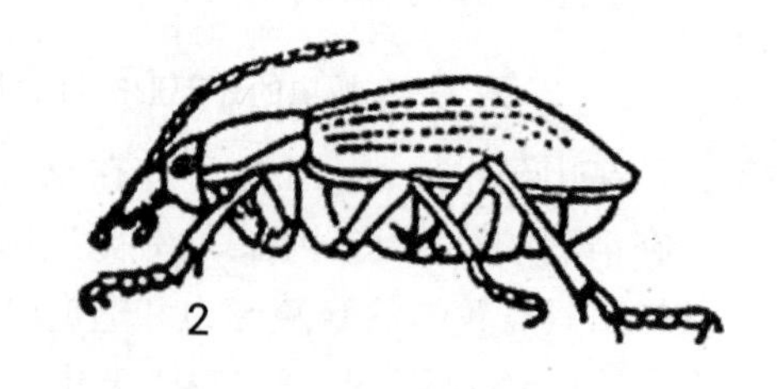

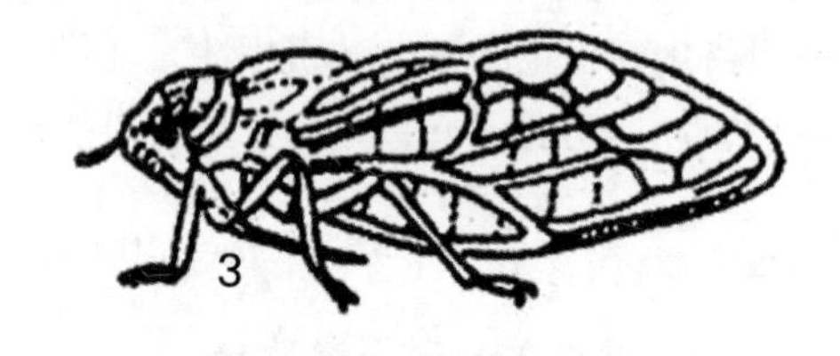

图 3–2

（三）触角

1. 基本构造

大多数昆虫都有一对发达的触角，着生于头部两侧上方的触角窝内。是昆虫的主要感觉器官。有助于昆虫觅食、避敌、求偶和寻找产卵场所。触角基部第一节称为“柄节”，第二节称为“梗节”，以后各节统称为“鞭节”。

2. 触角的功能

触角是昆虫的重要感觉器官，上面生有许多感觉器和嗅觉器（可以算是昆虫的“鼻子”），有的还具有触觉和听觉的功能。昆虫主要用它来寻找食物和配偶。一般近距离起着接触感觉作用，决定是否停留或取食；远距离起嗅觉作用，能闻到食源气味或异性分泌的性激素气味，借此可找到所需的食物或配偶。如菜粉蝶凭着芥子油的气味找到十字花科植物；许多蛾类的雌虫分泌的性外激素，能引诱数里外的雄虫飞来交尾。

有些昆虫的触角还有其他功能，如雄蚊触角的梗节能听到雌蚊飞翔时所发出的音波而找到雌蚊；雄芫菁的触角在交尾时能抱握雌体；水生的仰泳蝽的触角能保持身体平衡；莹蚊的触角能捕食小虫；水龟虫的触角能吸收空气，等。

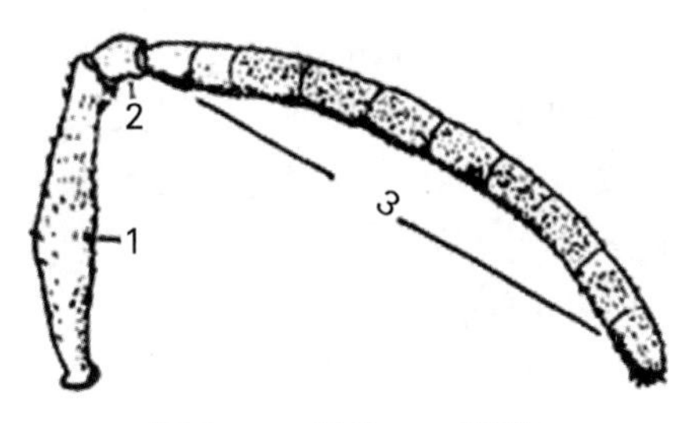

1. 柄节　2. 梗节　3. 鞭节

图 3-3　昆虫触角的模式构造图

昆虫种类不同，触角形式也不一样，昆虫触角常是昆虫分类的常用特征。例如，具有鳃片状触角的，几乎都是金龟甲类；凡是具有芒状的都是蝇类。此外，触角着生的位置、分节数目、长度比例、触角上感觉器的形状数目及排列方式等，也常用于蚜虫、蜂的种类鉴定。

利用昆虫的触角，还可区别害虫的雌雄，这在害虫的预测、预报和防治策略上很有用处。例如，小地老虎雄蛾的触角是羽毛状，而雌蛾则是丝状；雄性绿豆象触角栉齿状，雌性绿豆象锯齿状。如果诱虫灯下诱到的害虫多是雌虫尚未达到产卵的程度，那么及时预报诱杀成虫就可减少产卵为害，这常用于测报上分析虫情。

（四）眼

昆虫的眼有两类：复眼和单眼。

1. 复眼

完全变态昆虫的成虫期，不完全变态的若虫和成虫期都具有复眼。复眼是昆虫的主要视觉器官，对于昆虫的取食、觅偶、群集、归巢、避敌等都起着重要的作用。

复眼由许多小眼组成。小眼的数目在各类昆虫中变化很大，可以有 1～28000 个不等。小眼的数目越多，复眼的成像就越清晰。复眼能感受光的强弱，一定的颜色和不同的光波，特别对于短光波的感受，很多昆虫更为强烈。这就是利用黑光灯诱虫效果好的道理。复眼还有一定的辨别物象的能力，但只能辨别近处的物体。

2. 单眼

昆虫的单眼分背单眼和侧单眼两类。背单眼为成虫和不全变态类的幼虫所具有，一般与复眼并存，着生在额区的上方即两复眼之间。一般 3 个，排成倒三角形，有的只有 1~2 个，还有的没有单眼，如盲蝽。侧单眼为全变态类幼虫所具有，着生于头部两侧，但无复眼。每侧的单眼数目在各类昆虫中不同，一般为 1~7 个（如鳞翅目幼虫一般 6 个，膜翅目叶蜂类幼虫只 1 个，鞘翅目幼虫一般 2~6 个），多的可达几十个（如长翅目幼虫为 20~28 个）。单眼同复眼一样，也是昆虫的视觉器官，但只能感受光的强弱，不能辨别物象。

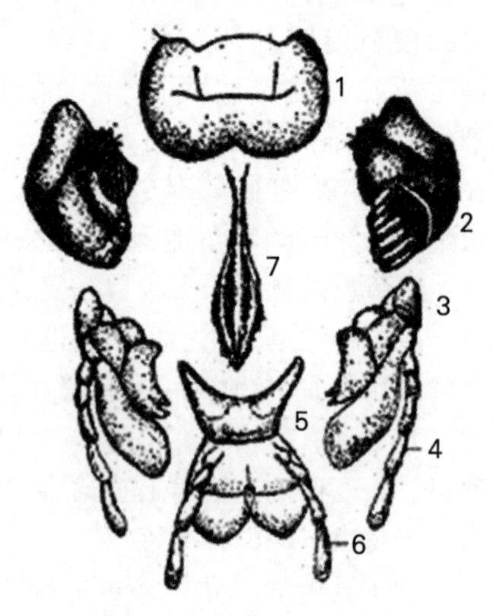

1. 上唇　2. 上颚　3. 下颚
4. 下颚须　5. 下唇　6. 下唇须
7. 舌

图 3-4　昆虫的咀嚼式口器

（五）口器

昆虫的口器是取食器官。由于各种昆虫的营养特性和取食方式不同，口器的类型发生了很多变化，但基本类型可分为咀嚼式和吸收式两种，吸收式口器又因吸取液体食物部位和方式的不同分为刺吸式、虹吸式、锉吸式、舐吸式等口器。植物上的害虫口器主要为咀嚼式口器和刺吸式口器两种。

1. 咀嚼式口器

这类口器为取食固体食物的昆虫所具有，如蝗虫、甲虫等。基本构造由五个部分组成：上唇、上颚、下颚、下唇和舌。

以蝗虫为例，了解咀嚼式口器的基本构造。

上唇是一个薄片，悬在头壳的前下方，盖在上颚的前面。外面坚硬，内部柔软，能辨别食物的味道。

上颚是着生在上唇后面的一对坚硬带齿的锥形物。端部有齿称“切区”，用来切碎食物；基部有臼，称“膜区”，用来磨碎食物。

下颚也是一对，着生在上颚的后面。每个下颚分成几个部分：端部有两片，靠外的叫外颚叶，靠内的叫内颚叶；此外还有一根通常分为五节的下颚须。下颚能帮助上颚取食，当上颚张开时，下颚就把食物往口里推送，以便上颚继续咬食，即托持、抱握、刮集并输送食物。下颚须具有嗅觉、味觉作用，有来感触食物。

下唇一片，着生在口器的底部，是由一对同下颚相似的构造合并而成：下唇端部有两对突起和一对下唇须，外面的一对称为侧唇舌，里面的一对称为中唇舌，前者比后者大得多；下唇须通常分为三节。下唇及下唇须的作用同下颚及下颚须。

舌位于上、下颚之间、口器的中央，是一个袋形构造，后侧有唾腺开口，能帮助搅拌和吞咽食物。

咀嚼式口器昆虫能把植物咬成缺刻、穿孔或将叶肉吃去仅留下网状的叶脉，甚至全部吃光，如蝗虫、黏虫、毛毛虫等；钻蛀茎秆或果实的造成孔洞和隧道，如玉米螟、食心虫等；为害幼苗常咬断根茎，如蛴螬、蝼蛄等；有的还能钻入叶片上、下表皮之间蛀食叶肉，如潜叶蝇、潜叶蛾等；还有吐丝卷叶在里面咬食的，如各种卷叶虫。总之，具有这类口器的害虫，都能给植物造成机械损伤，为害性很大。我们可以根据不同为害状来鉴别害虫的种类和为害方式，如地下害虫为害幼苗，被害的幼苗茎秆地下部分被整齐地切断，好像剪刀剪去的一样，这一定是蛴螬类为害的结果；如果被害处像乱麻一样的须状，无明显的切口，这就是蝼蛄或金针虫为害的结果。根据这些我们可以采取相应的防治措施。

由于咀嚼式口器的害虫是将植物组织切碎嚼烂后吞入消化道，因此，可以应用胃毒剂来毒杀它们。如将药剂喷布在食料植物上或作成诱饵，使药剂和食物一起吞入消化道而杀死害虫。

2. 刺吸式口器

这类口器为取食动植物体内液体食物的昆虫所具有，如蚜虫、叶蝉、蚊、臭虫等。这类口器的特点是具有刺进寄主体内的针状构造和吸食汁液的管状构造。

以蝉为例来了解刺吸式口器的基本构造。

该口器有一个由下唇特化成的长管形分节的喙。喙的前面有一个槽，里面埋藏着四根口针，四根口针相互嵌合着。上颚口针一对，是刺进的构造；下颚口针里面有两个槽，两根下颚口针嵌合成两条管道，其中一条管道是用来排出唾液的通道，另一条管道是用来把汁液吸进消化道。

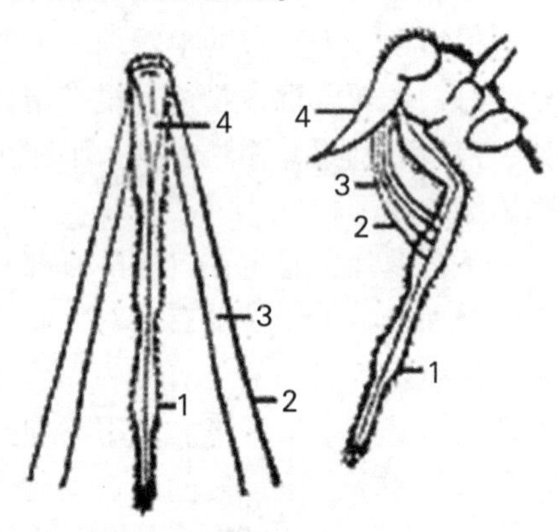

1. 喙　2. 上颚口针
3. 下颚口针　4. 上唇
图 3–5　昆虫的刺吸式口器

具有刺吸口器的昆虫主要有半翅目、同翅目、缨翅目和双翅目的一部分成虫（蚊类）。刺吸式口器的害虫为害植物后一般并不造成破损，只在为害部位形成斑点，并随着植物的生长而引起各种畸形，如卷叶、虫瘿、肿瘤等，也有形成破叶的（如棉盲蝽刺吸棉花嫩叶后，随着叶片长大在被害部分就裂开了，形成所谓的“破叶疯”）。此外，刺吸式口器的害虫往往是植物病毒病害的重要传播者，它们的危害性有时更大。

根据刺吸式口器造成的不同为害状，也可以用来作为田间鉴别害虫的依据。

由于刺吸式口器的害虫是将植物的汁液吸入消化道，因此，可以应用内吸性杀虫剂来防治这类害虫。

3. 虹吸式口器

这类口器为鳞翅目成虫（蝶类和蛾类）所特有。它的主要特点是具有一根能卷曲和伸直的喙。喙由两个下颚的外颚叶特化合并而成，中间有管道，花蜜、水等液体食料可由此被吸进消化道。口器的其他部分都已退化，只有下唇须的三节仍发达，突出在喙基部的两侧。具这类口器的昆虫，除部分吸果夜蛾能为害近成熟的果实外，一般不能造成为害。

4. 舐吸式口器

蝇类的口器是舐吸式口器。它的特点是下唇变成粗短的喙。喙的端部膨大形成一对富有展缩合拢能力的唇瓣。两唇瓣间有一食道口，唇瓣上有许多横列的小沟。这些小沟为食物的进口，取食时即由唇瓣舐吸物体表面的汁液或吐出唾液湿润食物，然后加以舐吸。这类口器的昆虫都无穿刺破坏能力，但其幼虫是蛆，它有一对口钩却能钩烂植物组织吸取汁液。

5. 锉吸式口器

蓟马的口器是锉吸式口器。蓟马头部具有短的圆锥形的喙，是由上唇、下颚和下唇形成的，内藏有舌，只有三根口针，由一对下颚和一根左上颚特化而成，右上颚已完全退化，形成不对称的口器。食物管由两条下颚互相嵌合而成，唾液管则由舌与下唇紧接而成。取食时左上颚针先锉破组织表皮，然后以喙端吸取汁液。被害植物常出现不规则的变色斑点、畸形或叶片皱缩卷曲等被害状，同时有利于病菌的入侵。

二、昆虫的胸部及其附器

胸部是昆虫体躯的第二个体段，由三个体节组成，依次称为前胸、中胸和后胸。在每一胸节的侧下方各有足一对，依次称为前足、中足和后足。在中胸节和后胸节的背两侧还各生有一对翅，依次称为前翅和后翅。胸部由于有足和翅，因此，胸部是运动的中心。昆虫胸部要支撑足和翅的运动，承受足、翅的强大动力，故胸节体壁通常高度骨化，形成四面骨板：在上面的称为背板，在腹面的称为腹板，在两侧的称为侧板。这些骨板上还有内陷的沟，里面形成内脊，供肌肉着生。胸部的肌肉也特别发达。

胸部各节发达程度与足翅发达程度有关。如蝼蛄、螳螂的前足很发达，所以前胸比中、后胸发达；蝗虫、蟋蟀的后足善跳跃，因此，后胸也发达；蝇类、蚊类的前翅发达，所以它们的中胸特别发达。三个胸节连接很紧密，特别是两个具有翅胸节。胸部通常有两对气门（体内气管系统在体壁上的开口构造），位于节间或前节的后部。

（一）胸足

1. 胸足的构造

胸足是昆虫体躯上最典型的附肢，是昆虫行走的器官，由6节组成。

（1）基节：基节是足和胸部连接的第一节，形状粗短，着生于胸部侧下方足窝内。

（2）转节：转节很小呈多角形，可使足在行动时转变方向。有些种类转节可分为两个亚节，如一些蜂类。

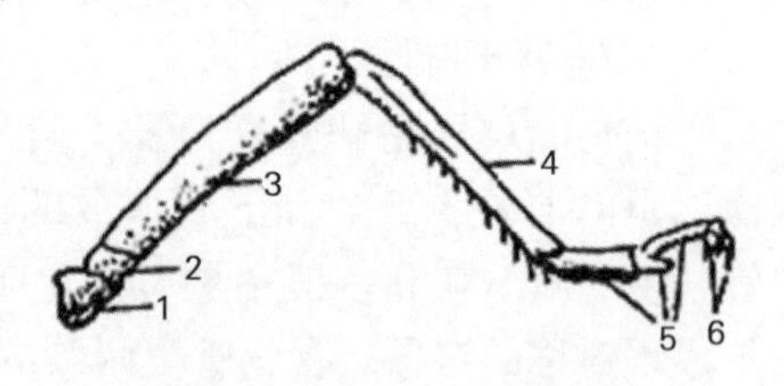

1. 基节　2. 转节　3. 腿节
4. 胫节　5. 跗节　6. 前跗节
图 3-6　昆虫胸足的构造

（3）腿节：腿节一般最粗大，能跳的昆虫腿节更发达。

（4）胫节：胫节细长，与腿节呈膝状相连，常具成行的刺和端部能活动的距。

（5）跗节：跗节是足末端的几个小节，通常分成 2~5 个亚节。

（6）前跗节：在跗节末端通常还有一对爪，称为“前跗节”。爪间的突起物称“中垫”；爪下的叫“爪垫”，爪和垫都是用来抓住物体的。

2. 胸足的类型

由于各类昆虫的生活习性不同，胸足发生种种特化，形成不同功能的类型。

（1）步行足：这是最普通的一种。足较细长，各节不特化，适于行走。如步行虫、蝽等。

（2）跳跃足：这是指后足。腿节特别发达，胫节细长。跳动前，胫节折贴于腿节下，然后突然伸直，使虫体弹跳起来。如蝗虫、蟋蟀等。

（3）捕捉足：这是由前足特化而成。基节延长，腿节的腹面有一沟槽，胫节可以折嵌其内，好像一把折刀用来捕捉其他昆虫、蜘蛛等。如螳螂、猎蝽等。

（4）开掘足：这是由前足特化而成的。胫节宽扁，外侧具齿，跗节呈铲状，用来掘土。如蝼蛄、金龟子等。

（5）携粉足：这是由后足特化而成的。胫节宽扁，向外的一面光滑略凹，边缘有长毛，形成一个可以携带花粉的容器，称此为花粉篮；第一跗节也特别膨大，内侧有很多列横排的刚毛，用来梳集粘在体毛上的花粉。此为蜜蜂类所特有。

（6）游泳足：这是由后足特化而成的。足各节扁平，有长的缘毛，以利于划水。此为水生昆虫所具有。如龙虱、松藻虫等。

（7）抱握足：这是由前足特化而成的。跗节特别膨大，上面有吸盘状构造，用于交配时抱持雌虫。如龙虱雄虫。

（8）攀缘足：这是外寄生于人及动物毛发上的虱类所具有。跗节只一节，前跗节变为一钩状的爪，胫节肥大外缘有一指状突起，当爪内缩时可与此指状物紧接，形成钳状，便于夹住毛发。

（9）净角足：这是由前足特化而成的。第一跗节的基部有一凹陷，胫节端部有1~2个瓣状的距，可以盖在此凹口上，形成一个闭合的空隙，触角从中抽过，便可去掉黏附在上面的东西。此为一些蜂类所具有。

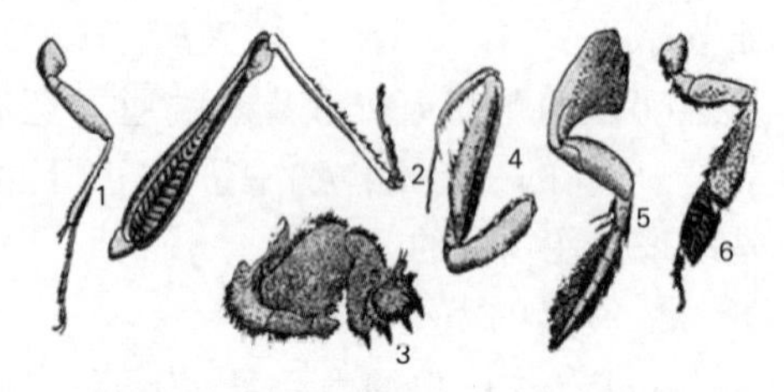

1. 步行足　2. 跳跃足　3. 开掘足
4. 捕捉足　5. 游泳足　6. 携粉足
图 3-7　昆虫胸足的类型

胸足的类型除在分类上常用到外，还可以推断昆虫的栖息场所和取食方式等。如具有捕捉足的为捕食性；具携粉足的取食花粉和花蜜；具开掘足的为土栖。因此，足的类型可供害虫防治和益虫保护上的参考。

（二）翅

昆虫纲除少数种类外，绝大多数到成虫期都有两对翅，翅是昆虫的飞翔器官。翅对于觅食、求偶、营巢、育幼和避敌等都非常有利。有些种类只有一对翅，后翅特化成平衡棒（如双翅目成虫和雄蚧等），或前翅退化成拟平衡棒（如捻翅目雄成虫），用于飞行时维持身体平衡。有些种类翅退化或完全无翅；有些无翅的只限于一性，如枣尺蠖雌成虫、雌蚧等无翅；有些只限于种的一些型，如白蚁、蚂蚁的工蚁和兵蚁都无翅；有些则只限于一个时期或一些世代，如在植

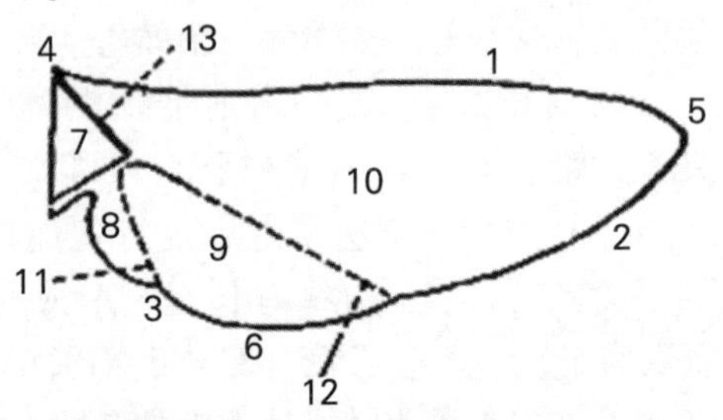

1. 前缘　2. 外缘　3. 内缘　4. 肩角
5. 顶角　6. 臀角　7. 腋区　8. 轭区
9. 臀区　10. 臀前区　11. 轭褶
12. 臀褶　13. 基褶
图 3-8　昆虫翅的构造及分区

物生长季为害的若干代的无翅蚜等。此外，还有些种类有短翅型和长翅型之分，如稻褐飞虱等。

1. 翅的形状与构造

一般呈三角形，有三个边，三个角。前面的边称为前缘，后面的边称为后缘或内缘，两者之间的边即外面的边称为外缘。前缘与胸部间的角称为肩角，前缘与外缘间的角称为顶角又叫翅尖，外缘与内缘间的角称为臀角。此外，昆虫的翅面还有褶纹，从而把翅面划分为几个区。如从翅基到翅的外方有一条臀褶，因而把翅前部划分为臀前区，是主要纵脉分布的区域；臀褶的后方为臀区，是臀脉分布的区域。有时在翅基后方，还有基褶划出腋区，轭褶划出轭区。总之，褶纹可增强昆虫飞行的力量。

2. 翅的质地与变异

昆虫的翅一般是膜质，但不同类型变化很大。有些昆虫为适应特殊需要，发生各种变异。最常见的有以下几种。

（1）覆翅：蝗虫和蟋蟀类的前翅加厚变为革质，栖息时覆盖于后翅上面，但翅脉仍保留着。

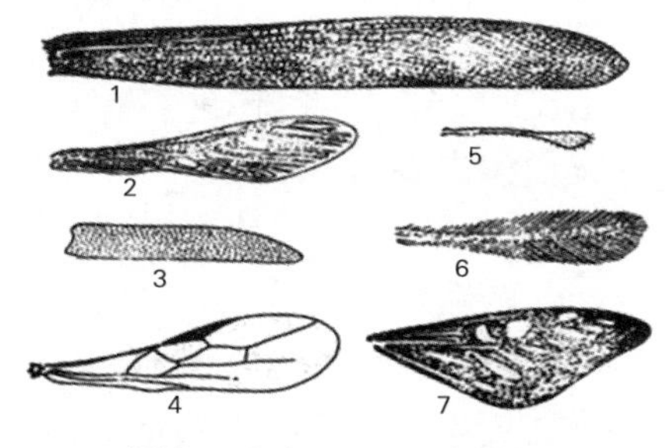

1. 覆翅（复翅） 2. 半鞘翅 3. 鞘翅 4. 膜翅 5. 平衡棒 6. 缨翅 7. 鳞翅

图 3-9 昆虫翅的类型

（2）鞘翅：各类甲虫的前翅，骨化坚硬如角质，翅脉消失，栖息时两翅相接于背中线上。

（3）半翅或半鞘翅：椿象类的前翅，基部一半加厚革质，端部一半则为膜质。

（4）鳞翅：蛾蝶类的翅为膜质，但翅面覆盖很多鳞片。

（5）毛翅：石蛾的翅为膜质，但翅面上有很多细毛。

（6）缨翅：蓟马的翅细而长，前、后缘具有很长的缨毛。

（7）膜翅：蜂类、蝇类的翅为膜质透明。

（8）平衡棒：蚊蝇类的后翅，退化为小型棒状体，飞行时有保持身体平衡的作用。

三、昆虫的腹部及其附器

腹部是昆虫的第三个体段，通常由 9~11 个体节组成。除末端几节外，一般无附肢。构造比较简单，只有背板和腹板，两侧为侧膜，而无侧板。腹部的节间膜发达，即腹节可以互相套叠，伸缩弯曲，以利于交配产卵等活动。腹部 1~8 节两侧各有气门（气门是体壁内陷的开口，圆形或椭圆形）1 对，用以呼吸。有些种类在末节背部有一对须状的构造称为“尾须”，尾须是末节未完全退化的附肢，有感觉的功能。在各类昆虫中变化很大，分节或不分节或消失，在分类上常用到。

（一）外生殖器

雌性外生殖器就是产卵器，位于第 8~9 节的腹面，主要由背产卵瓣、腹产卵瓣、内产卵瓣组成。雄性外生殖器就是交尾器，位于第 9 节腹面，主要由阳具和抱握器组成。

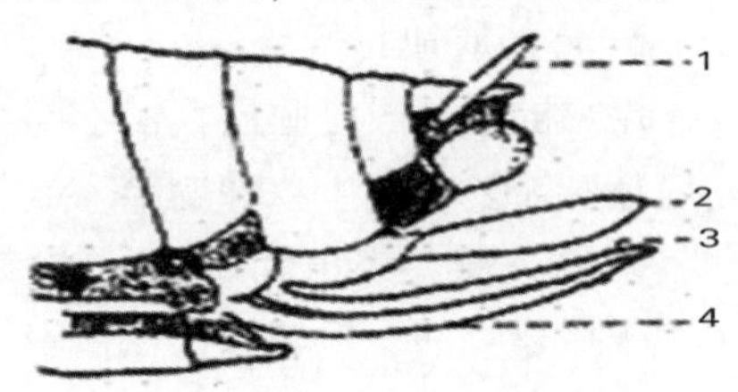

1. 尾须　2. 背产卵瓣
3. 内产卵瓣　4. 腹产卵瓣
图 3-10　昆虫雌性外生殖器

1. 雌性外生殖器

雌虫的外生殖器称为产卵器，由 2~3 对瓣状的构造所组成。位于第 8、9 腹节的腹面，由腹产卵瓣、内产卵瓣和背产卵瓣组成。在腹面的称为腹产卵瓣，在内方的称为内产卵瓣，在背方的称为背产卵瓣，如螽斯的雌性产卵器。产卵器的构造、形状和功能，在各类昆虫中变化很大。有的种类并无特别的产卵器，直接由腹部末端几节伸长成一细管来产卵，如鳞翅目、双翅目、鞘翅目等的雌虫即属此类。有的种类产卵器已不再用来产卵，而特化成螯刺，用以自卫或麻醉猎物，如蜜蜂、胡蜂、泥蜂、土蜂等蜂类即属此类。还有些种类利用产卵器把植物组织刺破将卵产入，给植物造成很大的伤害，如蝉、叶蝉和飞虱等。这些变化在分类上也是常用到的特征。

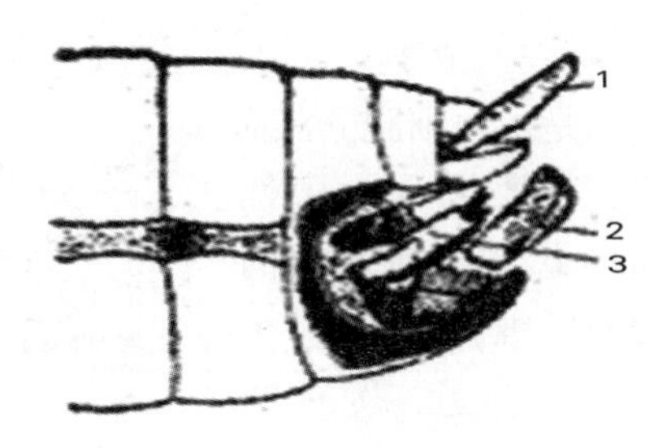

1. 尾须　2. 抱握器　3. 阳具

图 3-11　昆虫雄性外生殖器

2. 雄性外生殖器

雄虫的外生殖器称为交配器，交配器主要包括阳具和抱握器。交配器的构造比较复杂，具有种的特异性，以保证自然界昆虫不能进行种间杂交，在昆虫分类上常用作种和近缘类群鉴定的重要特征。

（二）尾须

尾须是着生于昆虫腹部第 11 节两侧的 1 对须状构造分节或不分节，具有感觉作用。

四、昆虫的体壁

体壁是身体的最外层，是由外胚层发育而来。体壁具有 4 方面的作用：

（1）起外骨骼的作用，维持体形，昆虫的千变万化全是由体壁决定的。

（2）是一种保护器官，免受外来微生物和其他物质的侵入，并且保持体内的水分不外散和外部的水分不进入。

（3）昆虫的抗张力，抗压力是由于体壁的作用，否则就像软体动物一样。

（4）昆虫的体色、保护色是通过体壁来形成的。

体壁的基本构造为：

体壁分为三个主要层次，从外向内分别是表皮层、皮细胞层和底膜。

（一）底膜

是由血细胞分泌而成，主要成分为中性黏多糖（含糖蛋白的胶原纤维）；它是一个双层的构造，为一结缔组织，厚度仅为0.5μm它的作用是将皮细胞层与血腔分开，具有选择透性。

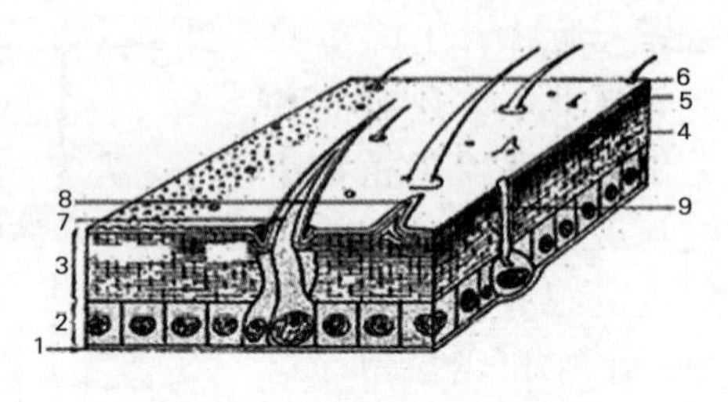

1. 底膜　2. 皮细胞层　3. 表皮层
4. 内表皮　5. 外表皮　6. 上表皮
7. 刚毛　8. 表皮突起　9. 皮细胞腺

图3-12　昆虫体壁的构造

（二）细胞层

是一单细胞层，其排列整齐，它来自外胚层的细胞层。

（三）表皮层

其由皮细胞分泌的异质性的非细胞性物质所组成。凡是由外胚层发生的组织和器官均具表皮层。除体壁外，消化道的前后肠、呼吸系统的气管、生殖系统中的雌性的中输卵管和生殖腔；雄性的射精管等。这些部分在脱皮过程中将被脱去。

表皮层不是一个匀质的单层，外层是上表皮，内层是原表皮。

体壁上的外长物：昆虫的体壁不是光滑的，上面生有很多毛、刺、鳞片、突起等外长物。这些外长物一些是由单个细胞组成的，如：鳞片和毛。这些毛的基部如果与感觉细胞相连便成为感觉毛，用于感觉振动等；如果与毒腺相连，便成为毒毛，像刺蛾幼虫体上的毒毛，用于防御敌害等。还有一些是由多个细胞共同形成。这些外长物基部没有关节的叫作刺，基部有关节的叫作距。刺和距的形状、数量在我们认识昆虫种类时是非常有用的。昆虫千奇百怪的形态和绚丽多彩的颜色都是由体壁所构成的。

第二节　昆虫的生物学习性

昆虫的生物学是研究昆虫个体发育特性的科学，包括生殖方式、胚胎发育、胚后发育等特性。

一、昆虫的生殖方式

昆虫种类多，数量大，这与它的繁殖特点是分不开的。主要表现在繁殖方式的多样化，繁殖力强、生活史短和所需的营养少。昆虫的繁殖方式大致有以下几个类型：

（一）两性生殖

昆虫绝大多数是雌雄异体，通过两性交配后，精子与卵子结合，由雌性将受精卵产出体外，才能发育成新的个体。这种生殖方式称两性卵生生殖或简称为两性生殖，这是昆虫繁殖后代最普遍的方式。

（二）孤雌生殖

有些种类的昆虫，卵不经过受精就能发育成新的个体，这种生殖方式称为孤雌生殖或单性生殖。孤雌生殖对于昆虫的广泛分布有着重要的作用，因为即使只有一个雌虫被偶然带到新的地方（如人的传带、风吹等），如果环境条件适宜，就可能在这个地区繁殖起来。还有一些昆虫是两性生殖和孤雌生殖交替进行的，被称为世代交替。如许多蚜虫，从春季到秋季，连续10多代都是孤雌生殖，一般不产生雄蚜，只是当冬季来临前才产生雄蚜，雌雄交配，产下受精卵越冬。还有的昆虫，可以同时进行两性生殖和孤雌生殖，即在正常进行两性生殖的昆虫中，偶尔也出现未受精卵发育成新的个体的现象。如蜜蜂，雌雄交尾后，产下的卵并非都受精，即不是所有的卵都能获得精子而受精。凡受精卵皆发育为雌蜂（蜂后和工蜂），未受精卵孵化出的皆为雄蜂。

（三）卵胎生和幼体生殖

昆虫是卵生动物，但有些种类的卵是在母体内发育成幼虫后才产出，即卵在母体内成熟后，并不排出体外，而是停留在母体内进行胚胎发育，直到孵化后，直接产下幼虫，称为卵胎生（区别于高等动物的胎生，因为胎生是母体供给胎儿营养，而卵胎生只是卵在母体内孵化）。例如，蚜虫在进行孤雌生殖的同时又进行卵胎生，所以被称为孤雌胎生生殖。卵胎生能对卵起保护作用。

另外有少数昆虫，母体尚未达到成虫阶段还处于幼虫时期，就进行生殖，称为幼体生殖。凡进行幼体生殖的，产下的都不是卵，而是幼虫，故幼体生殖可以看成是卵胎生的一种方式。如一些瘿蚊进行幼体生殖。

（四）多胚生殖

昆虫的多胚生殖是由一个卵发育成两个到几百个甚至上千个个体的生殖方式。这种生殖方式是一些内寄生蜂类所具有的。多胚生殖是对活体寄生的一种适应，可以利用少量的生活物质和较短的时间繁殖较多的后代个体。

二、昆虫的变态和发育

（一）昆虫的变态

昆虫从卵中孵化后，在生长发育过程中要经过一系列外部形态和内部器官的变化，才能转变为成虫，这种现象称为变态。

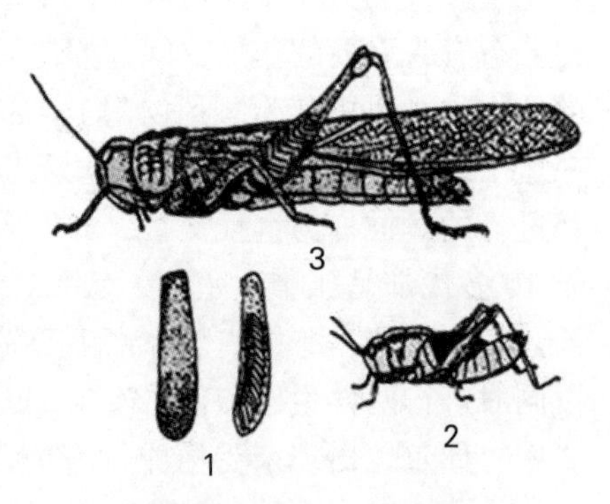

1. 卵　2. 若虫　3. 成虫

图 3-13　不完全变态

由于昆虫在长期演化过程中，随着成虫期和幼虫期的分化，以及幼虫期对生活环境的特殊适应，因而有不同的变态类型。最常见的类型有：

1. 不完全变态

具有三个虫态，即卵、幼虫、成虫，无蛹期。其中有一类幼虫与成虫的生活环境一致，它们在外形上很相似，仅个体大小、翅及生殖器官的发育程度不同而已，因此，又称此类为渐变态，其幼虫称为若虫。属于这类的主要有直翅目（如蝗虫）、半翅目（如盲蝽）、同翅目（如蚜虫）等昆虫。另一类幼虫与成虫生活环境不一致，外形上亦有很大区别，此类被称为过变态，其幼虫称为稚虫。如蜻蜓目属于这类昆虫。

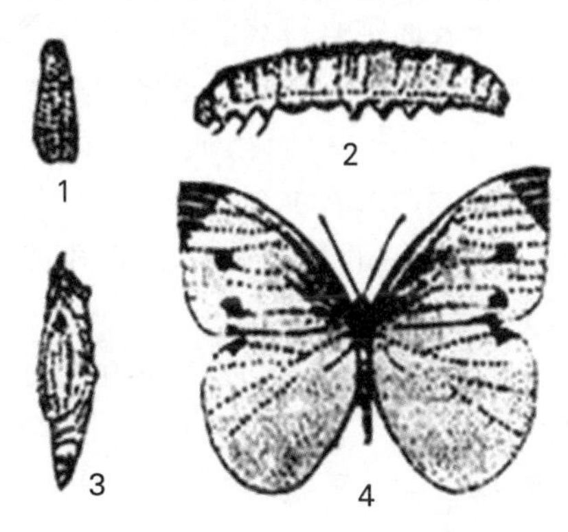

1. 卵　2. 幼虫　3. 蛹　4. 成虫

图 3–14　完全变态

此外，缨翅目的蓟马、同翅目的粉虱和雄性介壳虫的变态方式是不完全变态中最高级的类型，它们的幼虫在转变为成虫前有一个不食不动的类似蛹期的时期，真正的幼虫期仅为 2～3 龄。这种变态称之为过渐变态，可能是不完全变态向完全变态演化的过渡类型。

2. 完全变态

具有四个虫态，即卵、幼虫、蛹、成虫，多一个蛹期。幼虫与成虫在形态上和生活习性上完全不同。属于此类的昆虫占大多数，主要有鞘翅目（如金龟子）、鳞翅目（如蛾、蝶类）、膜翅目（如梨大叶蜂）、双翅目（如蝇、蚊）等昆虫。

（二）昆虫的个体发育

昆虫的个体发育可以分为两个阶段：第一阶段在卵内进行至孵化为止，称为胚胎发育；第二阶段是从卵孵化后开始到成虫性成熟为止，称为胚后发育。

1. 卵期

卵从母体产下到孵化为止，称为卵期。卵是昆虫胚胎发育的时期，也是个体发育的第一阶段，昆虫的生命活动从卵开始。

(1) 卵的结构：昆虫的卵是一个大型细胞，最外面包着一层坚硬的卵壳，表面常有特殊的刻纹；其下为一层薄膜，称卵黄膜，里面包有大量的营养物质——原生质、卵黄和卵核。卵的顶端有1至几个小孔，是精子进入卵子的通道，称为卵孔或精孔。

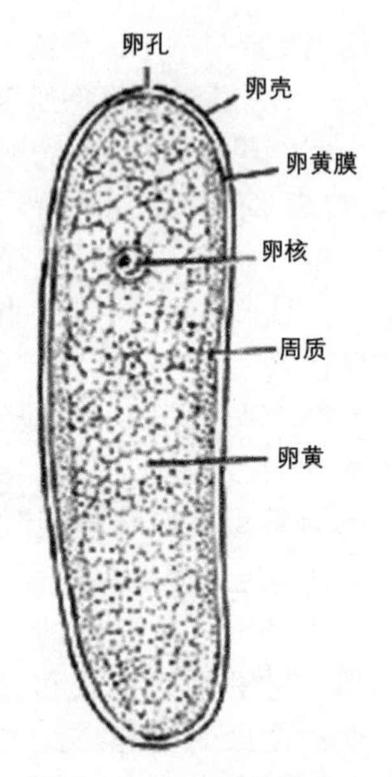

图3-15 昆虫卵的构造

(2) 卵的形状及产卵方式：各种昆虫的卵，其形状、大小、颜色各不相同。卵的形状一般为卵圆形、半球形、圆球形、椭圆形、肾脏形、桶形等；最小的卵直径只有0.02毫米，最长的可达7毫米。产卵方式和产卵场所也不同，有一粒一粒的散产，有成块产；有的卵块上还盖有毛、鳞片等保护物，或有特殊的卵囊、卵鞘。产卵场所，一般在植物上，但也有的产在植物组织内，或产在地面、土层内、水中及粪便等腐烂物内的。

(3) 卵的发育和孵化：胚胎发育完成后，幼虫从卵中破壳而出的过程称为孵化。孵化时幼虫用上颚或特殊的破卵器突破卵壳。一般卵从开始孵化到全部孵化结束，称为孵化期。有些种类的幼虫初孵化后有取食卵壳的习性。卵期长短因昆虫种类、季节及环境不同而异，一般短的只有1~2天，长的可达数月之久。

对害虫来说，从卵孵化为幼虫就进入为害期，消灭卵是一项重要的防治措施。

2. 幼虫期

幼虫是昆虫发育的第2个时期。其特点是大量取食与获得营养供给生长发育，并积累足够的营养物质供胚后发育的需要。因此，幼虫或若虫期是昆虫的营养阶段，也是对果木的为害期和防治关键时期。

（1）脱皮：昆虫脱去旧表皮，形成新表皮的过程称为“脱皮”。脱下的旧表皮称为“蜕”。

（2）龄和龄期：昆虫一生脱皮多次，每脱一次皮就增加一龄。相邻两次脱皮之间的时期，称为龄期。

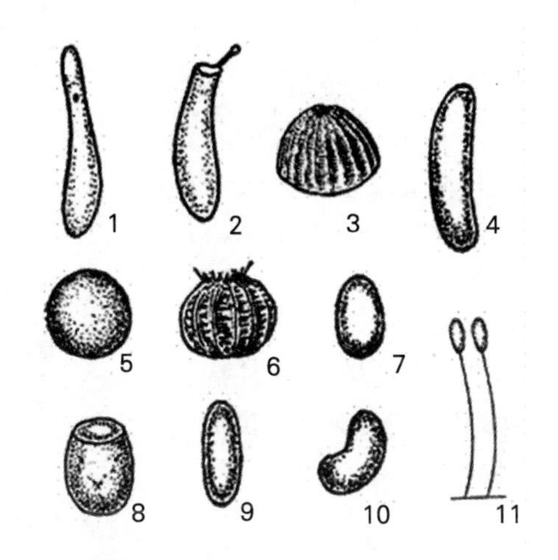

1. 长茄形　2. 袋形　3. 半球形
4. 长卵形　5. 球形　6. 篓形
7. 椭圆形　8. 桶形　9. 长椭圆形
10. 肾形　11. 有柄形

图 3-16　昆虫卵的类型

（3）幼虫的类型：按习惯分为：①若虫：不完全变态昆虫幼虫陆生的叫若虫，如蝗虫的幼虫一般都称为若虫。②稚虫：不完全变态昆虫幼虫水生的叫稚虫，如蜻蜓的幼虫生活在水中，一般都称为稚虫。③幼虫：全变态昆虫的幼虫就叫幼虫。真正的幼虫常指全变态类发育的幼虫，其幼虫形态大体上可分四类：①原足型：很像一个发育不完全的胚胎，腹部分节或不分节，胸足和其他附肢处有几个突起，口器发育不全，不能独立生活。如寄生蜂的早龄幼虫。②无足型：幼虫完全无足。多生活在食物易得的场所，行动和感觉器退化。根据头的发达程度又可分为有头无足型：头发达，如象甲、蚊子的幼虫；半头无足型：头后半部缩在胸内，如虻的幼虫；无头无足型：头足退化，完全缩入胸内，仅外露口钩，如蝇的幼虫。③寡足型：幼虫只具有 3 对发达的胸足，无腹足。头发达，咀嚼式口器。有的行动敏捷，如步甲、瓢虫、草蛉及金针虫的幼虫；有的行动迟缓，如金龟甲的幼虫蛴螬等。④多足型：幼虫除具有 3 对胸足外，还有腹足。头发达，咀嚼式口器，腹足的数目随种类不同而异。如鳞翅目的蛾蝶类有腹足 2~5 对，腹足端还有趾钩；叶蜂幼虫有 6~8 对腹足，无趾钩。

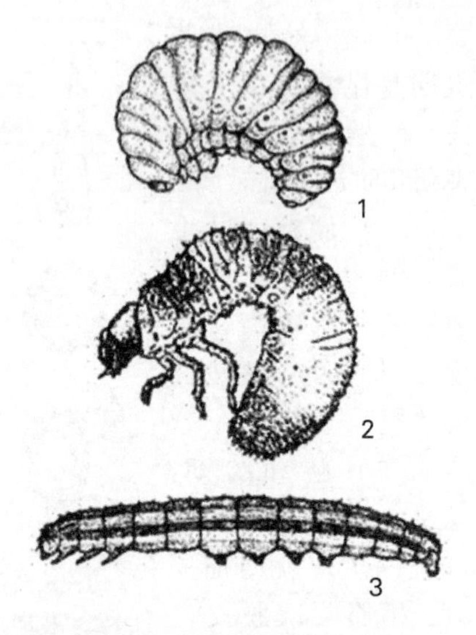

1. 无足型 2. 寡足型 3. 多足型

图 3-17 昆虫幼虫的类型

3. 蛹期

全变态类昆虫的幼虫老熟后，便停止取食，进入隐蔽场所，吐丝做茧或做土室准备化蛹。幼虫在化蛹前呈安静状态，称为前蛹期或预蛹期，以后才脱皮化蛹，即由幼虫转变为蛹的过程称为化蛹，这个时期称为蛹期。蛹是幼虫过渡到成虫的阶段，表面上不食不动，但内部进行着分解旧器官，组成新器官的剧烈地新陈代谢作用。所以，蛹期是昆虫生命活动中薄弱环节，易受损害。了解这一生理特性，就可利用这个环节来消灭害虫和保护益虫。如耕翻土地、地面灌深水等都是有效的灭蛹措施。

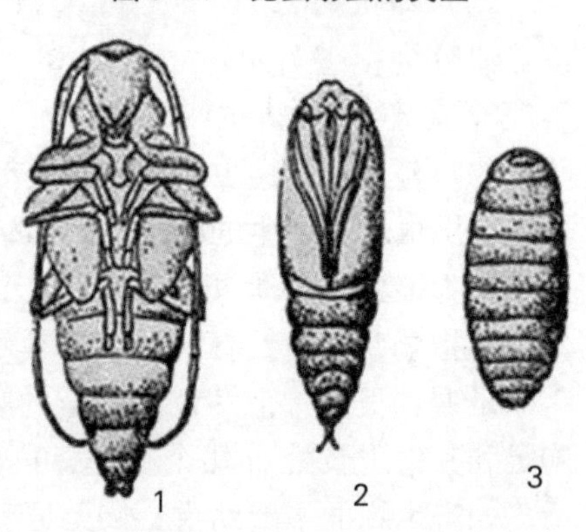

1. 离蛹 2. 被蛹 3. 围蛹

图 3-18 蛹的类型

蛹也有不同的类型，基本上可以分为三类。

（1）离蛹（裸蛹）：触角、足和翅等附肢不紧贴在身体上，与蛹体分离，有的还可以活动，而腹节间也能自由活动。如鞘翅目金龟子的蛹、膜翅目蜂类及脉翅目草蛉的蛹。

（2）被蛹：触角、足和翅等附肢紧紧粘贴在身体上，表面只能隐约见其形态，大多数蛹的腹节不能活动，仅少数可以扭动。如鳞翅目蛾蝶类的蛹。

（3）围蛹：蛹体被最后两龄幼虫脱的皮所形成的硬壳包住，外观似桶形，里面的蛹实际上就是离蛹。这是双翅目的蝇类、虻类以及一些蚧类、捻翅类的雄虫所特有。

4. 成虫期

（1）成虫羽化及补充营养：昆虫由若虫、稚虫或蛹脱去最后一次皮变为成虫的过程，称为羽化。有些老熟幼虫化蛹于植物茎秆中，往往在化蛹前先留下羽化孔以利于成虫羽化后从此孔飞出；化蛹于土室内的则常常留有羽化道，以利于成虫由此道钻出。成虫主要是交配产卵，繁殖后代，因此，成虫期是昆虫的生殖时期。有些昆虫羽化后，性器官已经成熟，不需取食即可交尾、产卵，这类成虫的口器往往退化，寿命很短，只有几天，甚至几小时，如蜉蝣就是“朝生暮死”，这类成虫本身无为害性或为害不大。大多数昆虫羽化为成虫后，性器官并未同时成熟，需要继续取食，进行补充营养，使性器官成熟，才能交配产卵，这种成虫期的营养称为补充营养。由于补充营养的需要，这类昆虫的成虫往往造成为害。有些昆虫性发育必须有一定的补充营养，如蝗虫、椿象等；有一些成虫没有取得补充营养时，也可以交配产卵，但产卵量不高，而取得丰富的补充营养后，就可大大提高繁殖力，如黏虫、地老虎等。

（2）产卵前期及产卵期：成虫由羽化到产卵的间隔时期，称为产卵前期，各类昆虫的产卵前期常有一定的天数，但也受环境条件的影响。多数昆虫的产卵前期只有几天或十几天，诱杀成虫应在产卵前期进行，效果比较好。从成虫第一次产卵到产卵终止的时期称为产卵期。产卵期短的有几天，长的可达几个月。

（3）性二型及多型现象：一般昆虫的雌、雄个体外形相似，仅外生殖器不同，称为“第一性征”。有些昆虫雌、雄个体除第一性征外，在形态上还有很大的差异，称“第二性征”。这种现象称为雌、雄二型或性二型。如介壳虫、枣尺蠖等雄虫有翅，雌虫则无翅；一些蛾类的雌雄触角不同等。此外，有些同种昆虫具有两种以上不同类型的个体，不仅雌雄间有差别，而且同性间也不同，称为多型现象。如蚜虫类，特别是蜜蜂、蚂蚁和白蚁等昆虫多型现象更为突出，了解成虫雌、雄形态上的变化，掌握雌性、雄性比数量，在预测、预报上很重要。成虫是昆虫个体发育的最后一个阶段，其主要任务是生殖以繁盛其种族。

（4）多型现象：同性昆虫个体中有不同类型的现象叫作多型现象。见于蜂类、蚁类中。

三、昆虫的休眠和滞育

昆虫或螨类在一年生长发育过程中，常常有一段或长或短的不食不动、停止生长发育的时期，这种现象可以称为“停育”。根据停育的程度和解除停育所需的环境条件，可分为休眠和滞育两种状态。

（一）休眠

这是昆虫为了安全度过不良环境条件（主要是低温或高温），而处于不食不动、停止生长发育的一种状态。当不良环境一旦解除，昆虫可以立即恢复正常的生长发育。这种现象称为休眠。很多昆虫可以进行休眠。

冬季的低温，使许多昆虫进入一个不食不动的停止生长发育的休眠状态，以安全度过寒冬。这种现象称为越冬。昆虫越冬前往往做好越冬准备，如以幼虫越冬，在冬季到来前就大量取食，积累体内脂肪和糖类，寻找合适的越冬场所，并常以抵抗力较强的虫态越冬，以减少过冬时体内能量的消耗。

夏季的高温也可以引起某些昆虫的休眠，这种现象称为越夏。如有些地下害虫。

（二）滞育

某些昆虫在不良环境条件远未到来之前就进入了停育状态，纵然给予最适宜的环境条件也不能解除，必须经过一定的环境条件（主要是一定时期的低温）的刺激，才能打破停育状态，这种现象称为滞育。引起滞育的环境条件主要是光周期（指一天24小时内的光照时数），而不是温度。它反映了种的遗传特性。具有滞育特性的昆虫都有各自的固定滞育虫态。如天幕毛虫以卵滞育。

四、世代和年生活史

（一）世代

昆虫自卵或幼体产下到成虫性成熟为止的个体发育史，称为一个世代或简称一代。各种昆虫世代的长短和一年内世代数各不相同。有一年一代的，如天幕毛虫等；有一年多代的，如蚜虫等；有数年一代的，如天牛等。昆虫世代的长短和在一年内发生的世代数，受环境条件和种的遗传性影响。有些昆虫的世代多少，受气候（主要是温度）影响，它的分布地区越向南，一年发生的代数越多，如黏虫，在华南一年发生6~8代，在华北3~4代，到东北北部则发生1~2代；有时同种昆虫在同一地区不同年份发生的世代数也可能不同，如东亚飞蝗在江苏、安徽一般一年发生2代，而1953年因秋后气温高则发生了3代；有些昆虫一年内世代的多少完全由遗传特性所决定的，不受外界条件的影响，如天幕毛虫，不论南方、北方都是一年一代的，即使气温再适合也不会发生第二代。

一年数代的昆虫，前后世代间常有首尾重叠的现象，即同一时间内有各世代各虫态，把世代的划分变得很难，这种现象称为世代重叠。也有的昆虫在一年中的若干世代间，存在着生活方式甚至生活习性的明显差异，通常总是两性世代与若干代孤雌生殖世代相交替（如蚜虫），这种现象称为世代交替。

（二）年生活史

一种昆虫由当年的越冬虫态开始活动，到第二年越冬结束为止的一年内的发育史，称为年生活史，简称生活史。昆虫的生活史包括了昆虫一年中各代的发生期、有关习性和越冬虫态、场所等。一年中昆虫代数的计算，一般从卵开始，越冬后出现的虫态称为越冬代，由越冬代成虫产的卵称为第一代卵，由此发育的幼虫等虫态，分别称为第一代幼虫等，由第一代成虫产下的卵则称为第二代卵。其他各代依次类推。昆虫的生活史可用文字记载，也可用图表等形式来表示。各种昆虫由于世代长短不同，各发育阶段的历期也有很大的差异，同时其为害习性、栖息和越冬、越夏场所，也都不一样。因此，它们在一年中所表现的活动规律各不相同。要对害虫进行有效的防治，首先必须弄清楚害虫一年中的发生规律，才能掌握薄弱环节，采取有效措施。

五、昆虫的习性

昆虫主要习性有食性、趋性、假死性、群集性、迁飞和扩散等几个方面。

（一）食性

昆虫在长期的演化过程中，形成了对食物的特殊要求，称为食性。

1. 按照昆虫取食的对象一般可分为四类：植食性、肉食性、腐食性和杂食性。

（1）植食性昆虫：以活的植物的各个部位为食物的昆虫。昆虫中约有48.2%是属于此类，其中很多是农业害虫，如马尾松毛虫、叶甲等。

（2）肉食性昆虫：以其他动物为食物的昆虫，昆虫中约有30.4%是属于此类，其中又可分为：①捕食性：捕捉其他动物为食（约占昆虫种类的28%）。如瓢虫、螳螂、胡蜂等。②寄生性：寄生于其他动物体内或体外（约占昆虫种类的2.4%）。

这类昆虫中有不少种类可以利用来消灭害虫，它们是生物防治上的重要益虫。如捕食性的瓢虫、草蛉；寄生性的赤眼蜂、金小蜂等。但寄生于益虫或人、畜的则为害虫。如蚊、虱等。

（3）腐食性昆虫：以动物、植物残体或粪便为食物的昆虫，昆虫中约有 17.3%是属于此类，如粪金龟、家蝇等。

（4）杂食性昆虫：既以植物或动物为食，又可腐食的昆虫，昆虫中约有 4.1%是属于此类，如蜚蠊、胡蜂、芫菁、衣鱼、衣蛾及印度谷螟等许多仓库害虫。

2. 根据昆虫所吃食物种类的多少，又可分为：单食性、寡食性和多食性。

（1）单食性昆虫：以一种动物或植物为食料的昆虫。如梨实蜂只为害梨；豌豆象只为害豌豆。

（2）寡食性昆虫：以一科或近缘科的植物为食料的昆虫。如菜粉蝶取食十字花科植物；某些瓢虫捕食蚜虫、介壳虫。

（3）多食性昆虫：以多科的植物或动物为食料的昆虫。如蝗虫、美国白蛾等，可以取食很多科的植物；草蛉捕食多科害虫；一些卵寄生蜂可寄生许多科害虫的卵。

（二）趋性

趋性是昆虫接受外界环境刺激的一种反应。对于某种外界刺激，昆虫非趋即避。趋向刺激的称为正趋性；避开刺激称为负趋性。按照外界刺激的性质，可将趋性分为许多种。

1. 趋光性

昆虫对于光源的刺激，多数表现为正趋性，即有趋光性，如蛾蝶类等。另有些却表现为背光性，如臭虫、米象、跳蚤等。不论趋光或背光，都是通过昆虫视觉器官（眼）而产生的反应。

很多昆虫，特别是大多数夜出活动的种类，如蛾类、蝼蛄以及叶蝉、飞虱等都有很强的趋光性。但各种昆虫对光波的长短、强弱反应不同，一般趋向于短光波，这就是利用黑光灯诱集昆虫的根据。

昆虫的趋光性受环境因素的影响很大，如温度、雨量、风力、月光等。当低温或大风、大雨时，往往趋光性减低甚至消失；在月光很亮时，灯光诱集效果就差。

雌雄两性的趋光性往往也不同。有的雌性比雄性强些；有的雄性比雌性强些；还有的如大黑鳃金龟，雄虫有趋光性，而雌性无趋光性。因此，利用黑光灯诱集昆虫，统计性比较，估计诱集效果时应考虑这一情况。

2. 趋化性

昆虫通过嗅觉器官对于化学物质的刺激所产生的反应，称为趋化性。有趋也有避。这对昆虫的寻食、求偶、避敌、找产卵场所等方面表现明显。如菜粉蝶趋向于含有芥子油的十字花科蔬菜上产卵。利用趋化性在害虫防治上有很大意义。根据害虫对化学物质的正负趋性，而发展了诱集剂和忌避剂。对诱集剂的应用，如利用糖醋毒液或谷子、麦麸作毒饵等诱杀害虫。当今国内外利用性引诱剂来诱杀异性害虫也获得了很大的发展。对忌避剂的应用，如大家熟知的利用樟脑球（萘）来驱除衣鱼、衣蛾等皮毛纺织品的害虫；用避蚊油来驱蚊等。目前忌避剂在农业上的应用还很不够，特别对传毒害虫（如蚜虫、叶蝉、飞虱等）的忌避剂更为重要，这是今后值得研究的课题。

3. 趋温性：是昆虫感觉器官对适宜温度刺激所引起的趋性活动。

因昆虫是变温动物，本身不能保持和调节体温，必须主动趋向于环境中的适宜温度，这就是趋温性的本质所在。如东亚飞蝗，蝗蝻每天早晨要晒太阳，当体温升到适宜时才开始跳跃取食等活动。严冬酷暑对某些害虫来说就要寻找适宜场所来越冬、越夏，这是对温度的一种负趋性。

此外，尚有趋湿性（如小地老虎、蝼蛄喜潮湿环境）、趋声性（如雄虫发音引诱雌虫来交配；又如吸血的雌蚊听见雄蚊发出的一种特殊声音就立即逃走)、趋磁性等。

昆虫对外界刺激产生的定向反应称为“趋性”。凡是向着刺激来源方向运动的称为“正趋性”，背避刺激来源方向运动的称为“负趋性”。

各种刺激物主要有光、温度、湿度、化学物质、声波等，因而趋性分为趋光性、趋温性、趋湿性、趋化性、趋声性等。生产中以趋光性、趋化性在害虫防治上最为重要。另外可利用昆虫的趋性来进行预测、预报，采集标本。

（三）假死性

有一些昆虫在取食爬动时，当受到外界突然震动惊扰后，往往立即从树上掉落地面，卷缩肢体不动或在爬行中缩做一团不动，这种行为称“假死性”。假死性是一些昆虫用以逃生的一种习性，特别当虫体体色与环境相似时更易于逃脱被天敌捕食的危险。当虫体受到机械性（如接触）或物理性（如光的闪动）等刺激后，引起足、翅、触角或整个身体的突然收缩，由停留的地方掉下来，状似死亡，过一会再恢复正常，这种现象被称为假死性。不少昆虫如苹毛金龟子等都有假死性。我们可以利用假死性来捕杀害虫，如摇树震落金龟子等甲虫以捕杀它们，并集中杀死它们。

（四）群集性

群集性是同种昆虫的大量个体高密度聚集在一起的习性。包括暂时性群集和永久性群集两类。

1. 暂时性群集

指一些昆虫的某一虫态或某一段时间群集在一起，以后就散开。因为群集的个体间并无任何联系及相互影响。如很多瓢虫，越冬时聚集在石块缝中、建筑物的隐蔽处或落叶层下，到春天分散活动。

2. 永久性群集

有的昆虫个体群集后就不再分离，整个或几乎整个生命期都营群集生活，并常在体型、体色上发生变化。例如，蝗虫就属此类。当蝗蝻孵出后，就聚集成群，由小群变大群，个体间紧密地生活在一起，日晒取暖、跳跃、取食、转迁都是群体活动。这是因为个体间互相影响的结果，因为蝗虫粪便中含有一种叫作“蝗呱酚”的聚集外激素，吸引蝗虫群集。

（五）迁飞与扩散

某些昆虫在成虫期有成群地从一个发生地长距离迁移到另一个发生地的特性，称为“迁飞性”；有些昆虫在环境条件不适宜或营养条件恶化时，由一个发生地近距离向另外一个发生地迁移的特性，称为“扩散性”。不少害虫，在成虫羽化到翅变硬的时期，有成群从一个发生地长距离地迁飞到另一个发生地或小范围内扩散的特性。不论暂时性群集还是永久性群集，因虫口数量很大，食料往往不足，因此，要转移为害。这是昆虫的一种适应性，有助于种的延续生存。如东亚飞蝗，不仅群集，而且长距离群迁。此外，某些害虫，还可以在小范围内扩散、转移为害。如黏虫幼虫在吃光一块地的植物后，就会向邻近地块成群转移为害。

（六）社会性

社会性是指昆虫营群居生活，一个群体中的个体有多型现象，其社会组织和分工现象十分明显。

（七）拟态和保护色

拟态的概念：竹节虫、尺蛾的一些幼虫等昆虫的形态与植物某些部位的形态很相像，从而使自己得到保护的现象，称“拟态”。

保护色的概念：保护色是指有些昆虫具有同它的生活环境中的背景相似的颜色，这有利于躲避捕食性动物的视线而使自己得到保护。

第三节　昆虫分类

昆虫是种类最多的一类动物，目前世界上已经发现 100 多万种。这些种类有的对人类有益，有的有害，有的对人类没有直接利害关系。因此，必须进行分门别类，以便研究。昆虫分类是研究一切昆虫科学的基础。在有关林果生产的昆虫中，通过分类鉴定就能更好地利用有益的种类，防治有害的种类。

一、直翅目

常见的有蝗虫、螽斯、蟋蟀、蝼蛄。

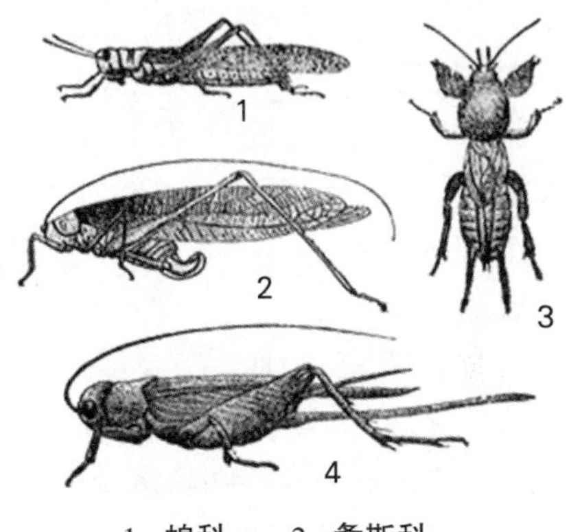

1. 蝗科　2. 螽斯科
3. 蝼蛄科　4. 蟋蟀科

图 3-19

多为中、大型体较壮实的昆虫，前胸特别发达，可活动，前胸背板发达，常向背面隆起呈马鞍形，中、后胸愈合。前翅为覆翅，后翅扇状折叠。后足多发达善跳。包括蝗虫、螽斯、蟋蟀、蝼蛄等。口器为典型咀嚼式口器，多数种类为下口式，少数穴居种类为前口式。触角长而多节，多数种类触角丝状，有的长于身体，有的较短；少数种类触角为剑状或锤状。复眼发达，大而突出，单眼一般 2~3 个，少数种类缺单眼。前翅狭长、革质，停息时覆盖在体背，称为"覆翅"；后翅膜质，臀区宽大，停息时呈折扇状纵褶于前翅下，翅脉多平直。多数种类雄虫常具发音器，以左、右翅相互摩擦发音（如螽斯、蟋蟀、蝼蛄等），或以后足腿节内侧的音齿与前翅相互摩擦发音（如蝗虫）。发音主要为了招引雌虫。雌虫不发音。能发音的种类常具听器（雌、雄两性通常均具听器，仅少数种类不明显或缺），螽斯、蟋蟀、蝼蛄等的听器位于前足胫节基部，或显露，或呈狭缝形；蝗虫类的听器位于腹部第 1 节的两侧，近似月牙形。

为植食性害虫，不仅咬食种子、嫩茎、树苗，有的在土中挖掘隧道时，使植物掉根死亡，造成缺苗断垄。

二、等翅目

常见的是白蚁。

等翅目昆虫通称为白蚁，体形较小或中等。体软，通常长而扁，白色或淡黄色及赤褐色直至黑色。头前口式或下口式，能自由活动。口器为典型的咀嚼式，与直翅目相似，亚颏与外咽片愈合形成咽颏。触角念珠状。

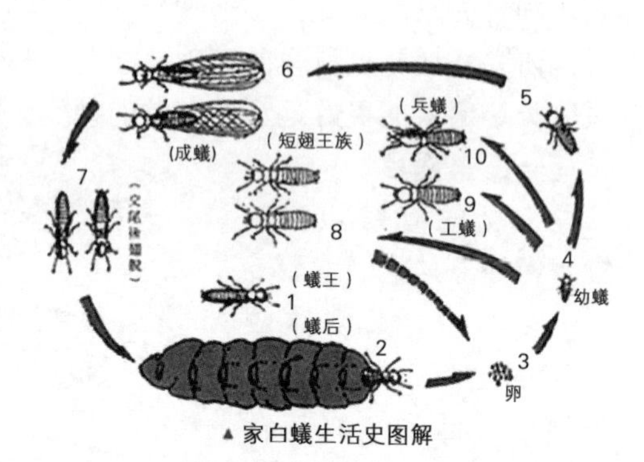

图 3-20　等翅目（白蚁的形态和生活史）

前胸背板形状因种类而异，是分类的重要特征。有长翅、短翅及无翅类型，具翅者，2 对翅狭长，膜质，大小、形状及脉序相同，因此得名“等翅目”。它们的翅经一度飞翔后即行脱落，脱落部位通常在翅基肩缝处，残存部分成为翅鳞。跗节 4 或 5 节，有 2 爪。腹部 10 节，第 1 腹板退化，尾须短，1~8 节。

三、半翅目

常见的有蝽象、田鳖。

成虫体壁坚硬，扁平。体多为中形及中小形，在热带地区的个别种类为大形。多为六角形或椭圆形，背面平坦，上下扁平。口器为刺吸式，从头的前端伸出，休息时沿身体腹面向后伸，一般分为 4 节；触角较长，一般分为 4~5 节；前胸背板大，中胸小盾片发达；前翅基半部骨化，端半部膜质，为半鞘翅；许多种类有臭腺，开口于胸部腹面两

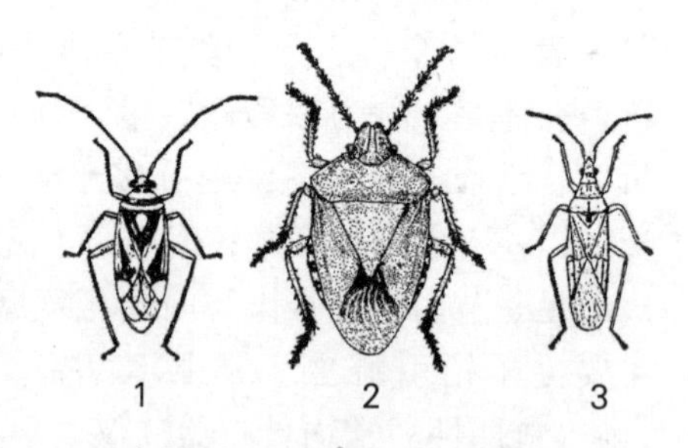

1. 盲蝽科　2. 蝽科　3. 缘蝽科

图 3-21　半翅目昆虫

侧和腹部背面等处。

蝽类多数为植食性，以刺吸式口器刺吸多种植物幼枝、嫩茎、嫩叶及果实汁液，有些种类还可传播植物病害。吸血蝽类为害人体及家禽家畜，并传染疾病。水生种类捕食蝌蚪、其他昆虫、鱼卵及鱼苗。猎蝽、姬蝽、花蝽等捕食各种害虫及螨类，是多种害虫的重要天敌。成虫臭腺开口移位于胸部腹面，仅 1 对。臭腺所分泌的挥发性液体可用于自卫，有的还可造成植物的心叶、芽、花、幼果等焦枯。多数种类 1 年发生 1 代，以成虫越冬。少数种类 1 年发生多代，以卵越冬。

四、同翅目

常见的有蝉、蚜虫、介壳虫。

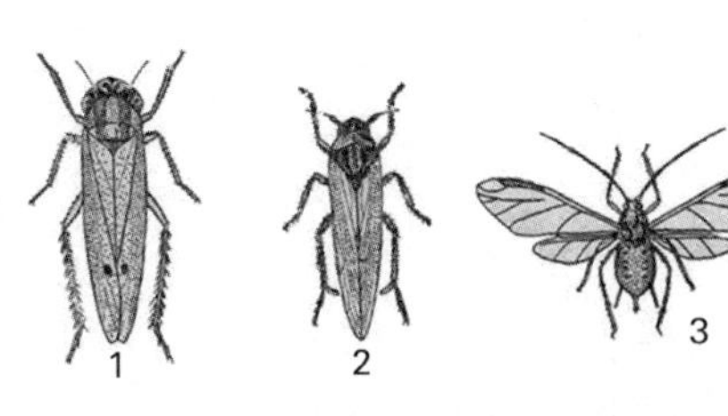

1. 叶蝉科　2. 飞虱科　3. 蚜科

图 3-22

体小到大型。头后口式，刺吸式口器从头部腹面后方生出，喙 1~3 节，多为 3 节。触角短，刚毛状、线状或念珠状。前翅质地均匀，膜质或革质，休息时常呈屋脊状放置，有些蚜虫和雌性介壳虫无翅，雄性介壳虫只有 1 对前翅，后翅退化呈平衡棍。足跗节 1~3 节；尾须消失；雌虫常有发达的产卵器；许多种类有蜡腺，但无臭腺。有些种类能发声或发光。

图 3-23

多数为渐变态，一生经过卵、若虫、成虫 3 个阶段，幼期形态和生活习性与成虫相似。但粉虱和介壳虫雄虫近似全变态，末龄若虫不食不动，极似全变态的蛹，称为“过渐变态”。多数为两性卵生，但蚜虫、介壳虫可进行孤雌胎生或孤雌卵生，一些介壳虫经常进行孤雌生殖，多数蚜虫进行周期性孤雌生殖。

同翅目昆虫均为植食性，许多种类是经济植物的重要害虫。它们不仅直接吸食植物汁液，造成植物萎蔫、枯死，影响植物生长；而且很多种类还能传播植物病毒病。

蝉、叶蝉、飞虱等有产卵器的昆虫，以产卵器切开植物枝条、叶片，产卵在植物组织内，可造成枝条枯死。蚜虫、介壳虫等无产卵器，卵产于植物表面。

五、缨翅目

常见的有蓟马。

缨翅目昆虫通称“蓟马”，体微小至小形，长 0.5～14 毫米，一般为 1～2 毫米。口器锉吸式，左右不对称。翅狭长，具少数翅脉或无翅脉，翅缘扁长，有或长或短的毛。也有无翅及仅存遗迹的种类。

通常有两性，雄虫一般比雌虫小，体色也较浅。雌雄二型或多型现象较普遍，这在管尾亚目的食菌性类群中尤为突出。在食菌性类群中，雄虫比雌虫大，且具有特别发达的前足。

蓟马的生殖方式有两性生殖和孤雌生殖，或者两者交替发生。两性生殖的种类雌性个体往往占多数，这是因为雄性寿命较短，或在某些条件下，雄性不能越冬。同一种蓟马的性比，常随着季节、食物、地区的不同而发生改变。如烟蓟马在地中海东部和伊朗，其雌性、雄性比为 1∶1 左右，而在夏威夷，则为 1000∶1。雄虫罕见或至今尚未发现雄性的种类，其生殖方式是部分或全部孤雌生殖。

蓟马大多数为卵生，但也有少数种类为卵胎生。以锯状产卵器插入植物组织内产卵，卵较小，多为肾形，表面光滑柔软，黄色或灰白色；一般为单粒散产，在田间摘下有卵叶片对光透视，不难看到，但也有时会在叶脉旁或叶脉下产成一小排，过渐变态。多数蓟马是在叶背面叶脉的交叉处化蛹，亦有些种类在树皮裂缝、叶柄基部、萼片间、叶鞘间、树皮下、枝条凹陷处及枯枝落叶层等场所化蛹。有些种类甚至吐丝结茧或在土中营造土室化蛹。

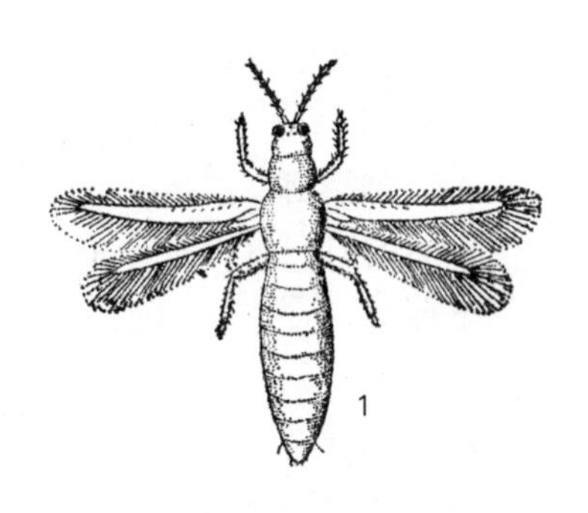

图 3-24

蓟马食性颇为复杂，植食性种类较常见。由于蓟马体小或活动隐蔽，为害初期不易为人们所察觉，往往在造成严重灾害后才被发现，因此，植食性蓟马是农作物、植物、果树、花卉上的重要害虫。蓟马以其挫吸式口器刮破植物表皮，口针插入组织内吸取汁液，喜取食植物的幼嫩部位，如芽、心叶、嫩梢、花器、幼果等。叶片被害后常留下黄白色斑点或银灰色条纹，叶片卷曲、皱缩甚至全叶枯萎；嫩芽、心叶被害后呈萎缩状且出现丛生现象；瓜果类被害后，除了引起落瓜落果，还使瓜果表皮粗糙，呈黑色或锈褐色疤痕，降低瓜果质量。在热带和亚热带地区，还有相当数量的植食性种类可以形成虫瘿。有的蓟马在为害植物的同时还可传播植物病毒病，如番茄斑萎病（TSWV）及花生黄斑病。

六、鞘翅目

常见的有金龟子、天牛、瓢虫，是昆虫纲中种类最多的一个目，占昆虫纲的40%以上。

体型大小差异甚大，体壁坚硬；口器咀嚼式；前胸发达，中胸小盾片外露；前翅为角质硬化的鞘翅，后翅膜质；触角10~11节，形状变化大，除线状外，还有锯齿状、锤状、鳃叶状或鞭状等。

幼虫一般有胸足3对，大多数为钻蛀性害虫，钻蛀植物的根部、枝干、果实种子等。蛹均为裸蛹，成虫多数有假死性。受惊扰时足迅速收拢，伏地不动，或从寄主上突然坠地。有的类群具有拟态，如某些像甲外形酷似一粒鸟粪。成、幼虫的食性复杂，有腐食性（阎甲）、粪食性（粪金龟）、尸食性（葬甲)、植食性（各种叶甲、花金龟)、捕食性（步甲、虎甲）和寄生性等。

七、鳞翅目

常见的有凤蝶、蚕；是昆虫纲中的第二大目。

虹吸式口器，由下颚的外颚叶特化形成，上颚退化或消失；体和翅密被鳞片和毛；翅2对，膜质，各有一个封闭的中室，翅上被有鳞毛，组成特殊的斑纹，在分类上常用到；少数无翅或短翅型；跗节5节；无尾须；触角线状、羽毛状、栉齿状、球杆状等。

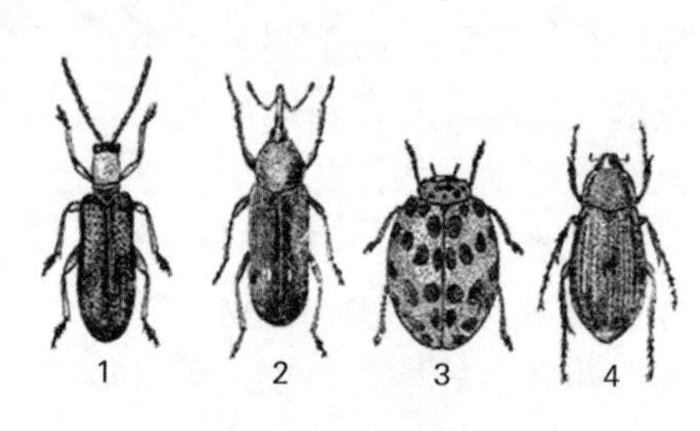

1. 叶甲科　2. 象甲科
3. 瓢甲科　4. 鳃金龟科
图 3-25　鞘翅目昆虫常见科

完全变态，蛹分为两种类型，完成一个生活史循环通常1~2个月，多则2~3年。幼虫多为植食性，如地老虎、棉铃虫等。虽然没有鞘翅目多，但从经济价值上讲，造成的危害大于鞘翅目。成虫一般不为害，取食花蜜或不取食，但有部分害虫如吸果叶蛾，喙尖，刺破果皮吸取汁液，对果实造成危害。成虫多具趋光性（蓝紫光-灯诱)、趋化性（如糖醋液诱杀)，有的具迁飞习性（黏虫等)。

图 3-26

八、脉翅目

常见的有草蛉。

体小至大形。体壁通常柔弱，有时生毛或覆盖蜡粉。咀嚼式口器。复眼发达。触角类型多样。前、后翅均为膜质透明，翅脉呈网状。幼虫一般衣鱼型或蠕虫型，口器适于穿刺或为吸收性咀嚼式。胸足发达。蛹为离蛹，多包在丝质薄茧内。卵圆球形或长卵形，有的种类具丝状卵柄。

图 3-26 脉翅目（草蛉）

完全变态，卵多呈长卵圆形，有的具长卵柄（草蛉）或具小突起（粉蛉）。幼虫寡足型，胸足发达。幼虫口器为捕吸式，其上颚和下颚左右嵌合成端部尖锐的长管，用以捕获猎物并吮吸其体液。幼虫多数陆生，捕食性；少数水生。幼虫一般 3~5 龄，化蛹时老熟幼虫由肛门抽丝做成圆形或椭圆形小茧，蛹为强颚离蛹。成虫飞翔力弱，多数具趋光性。多数种类陆生，而水蛉科和翼蛉科幼虫水生或半水生。许多种类（如草蛉等）是多种农林作物害虫的重要捕食性天敌，在害虫生物防治中占有重要地位，近年来在我国不少地区和单位已成功地利用草蛉防治蚜虫、螨类等。有些脉翅目幼虫还可以入药。

九、双翅目

常见的有蚊、蝇。

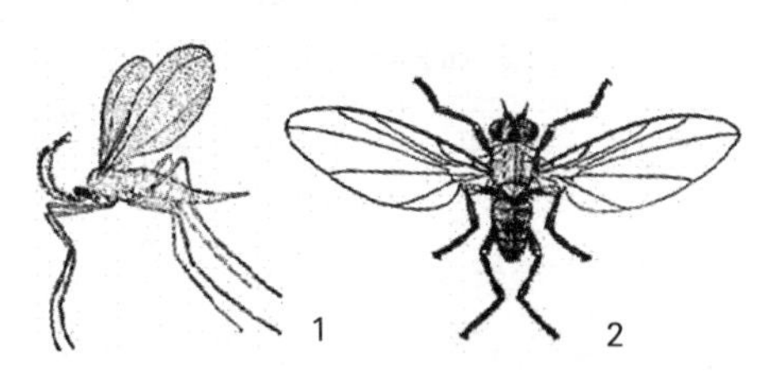

1. 瘿蚊科　2. 潜蝇科

图 3-28 双翅目昆虫常见科

双翅目昆虫体小型到中型。体长 0.5~50 毫米。体短宽或纤细，圆筒形或近球形。头部一般与体轴垂直，活动自如，下口式。复眼大，常占头的大部；单眼 2 个（如蠓科）、3 个（如蝇科）、或缺（如蚋科）。触角形状不一，差异很大，口器刺吸式或舐吸式。后翅退化成平衡棒，极少数种为短翅、无翅或翅退化，翅脉近基本型，常有消失或合并现象。

图 3-29　果实蝇

双翅目昆虫习性复杂，适应力极强，陆生或水生，一般系昼间活动，少数种类黄昏或夜间活动。成虫吸食花蜜、树液以及其他腐殖质，如食蚜蝇、寄蝇等；某些类群则系捕食性，捕食昆虫或其他小动物；也有一些类群的幼虫和成虫均系捕食性，如食虫虻科成虫捕食等。蚊科、蠓科、蚋科、虻科的部分种类为吸血双翅目，但多属雌性吸血，雄性大多数系非吸血性，而从植物液汁为营养，但家蝇类的吸血种类雌、雄性均吸血。

幼虫食性广而杂，大致分成4类：①植食性：多为农作物害虫，如潜蝇科潜叶，实蝇科蛀食果实，瘿蚊科形成虫瘿，某些水栖长角亚目幼虫以藻类为食；②腐食性或粪食性：取食腐败的动、植物或粪便，如花蝇科；③捕食性：如食蚜蝇科；④寄生性：如寄蝇科的幼虫均寄生于昆虫体内，如寄蝇幼虫寄生于黏虫、地老虎、玉米螟、松毛虫等重要农林害虫体内；小头虻科寄生于蜘蛛，其他如皮蝇科、狂蝇科、胃蝇科的幼虫寄生于牛、羊、马的体内。

一般为两性生殖，多数系卵生，也有伪胎生（如某些寄蝇）和胎生（如蛹蝇派）。此外，也有孤雌生殖和少数的幼体生殖现象。

十、膜翅目

常见的有蜜蜂、黄蚂蚁。

翅膜质、透明，两对翅质地相似，后翅前缘有翅钩列与前翅连锁，翅脉较特化；口器一般为咀嚼式，但在高等类群中下唇和下颚形成舌状构造，为嚼吸式；雌虫产卵器发达，锯状、刺状或针状，在高等类群中特化为螯针。腹部通常10节，少的只可见3~4节。

一般为两性生殖，也有的行单性孤雌生殖和多胚生殖。单性生殖较为普遍，如蜜蜂已交配的蜂产的未受精卵，产生雄性个体；胡蜂及叶蜂的一些种类未交配过的雌蜂产的未受精卵，可产生雌或雄两性个体。多胚生殖多见于茧蜂、小蜂及缘腹细蜂科中的一些种类，如多胚跳小蜂1个卵可产生2000多个后代个体。

图3-30　叶蜂科

膜翅目昆虫的绝大多数种类是对人类有益的传粉昆虫和寄生性或捕食性天敌昆虫，只有少数为植食性的农林作物害虫。植食性者如叶蜂科幼虫食叶，茎蜂科幼虫蛀茎，树蜂科幼虫钻蛀树木，瘿蜂科幼虫形成虫瘿等。寄生性者包括细腰亚目大部分种类，其中又分为内寄生和外寄生两类。捕食性者主要包括胡蜂、泥蜂、土蜂等科的成虫。以花粉和花蜜为主要食物的蜜蜂有助于作物授粉，提高作物的结实率，并为人类提供蜂产品。

胡蜂、蚁、蜜蜂等高等膜翅目昆虫具有不同程度的社会生活习性，有的已形成习性、生理及形态上的分级现象。如后蜂（蚁）专司产卵繁殖，雄蜂（蚁）通常于交配后不久死亡，工蜂（蚁）专司采集食物、营巢、抚幼等职，蚁科中有专司保卫的兵蚁。社会性种类在成虫和幼虫间还存在“交哺”现象，如胡蜂成蜂饲喂幼虫时，幼虫分泌一种乳白色液体，供成蜂取食。蜜蜂巢群中的不同级型，分工明确，不同级的幼虫巢室大小不同，饲育方式也不同，如后蜂幼虫期一直被喂以王浆，直至化蛹。蜜蜂等为了群体的觅食、繁殖及维持其稳定性，群体内各成员间通过各种发达的感官接受和传递信息，如通过不同的“舞姿”传递蜜源植物的方位、与巢的距离等。同巢蜂群的特定气味是维持本群、防止异群进入的指示气味，守卫蜂即通过嗅觉在巢门口守卫本群。蜂群的稳定性是通过后蜂上领腺分泌的外激素“后蜂物质”来维持的，该物质可抑制工蜂生殖腺的发育和新后蜂的产生，从而避免发生分蜂现象。蚁是通过腹部腹面在爬行过程中留下的踪迹外激素指示同巢成员找到食物及归巢路线的。

第四节　蜱　　螨

蜱螨类是蛛形纲小型节肢动物，外形有圆形，卵圆形或长形等。小的虫体长仅 0.1mm 左右，大者可达 1cm 以上。虫体基本结构可分为颚体，又称假头与躯体两部分。

一、蜱螨的形态特征

蜱螨类与昆虫的主要区别在于：体不分头、胸、腹三段；无翅；无复眼，或只有 1 ~2 对单眼；有足 4 对（少数有足 2 对或 3 对）；变态经过卵—幼螨—若螨—成螨。与蛛形纲其他动物的区别在于：体躯通常不分节，腹部宽阔地与头胸相连接。

图 3-31

躯体通常为圆形或卵圆形，一般由四个体段构成：颚体段、前肢体段、后肢体段、末体段。颚体段即头部，生有口器，口器由 1 对螯肢和 1 对足须组成。口器分为刺吸式或咀嚼式两类。刺吸式口器的螯肢端部特化为针状，称“口针”，基部愈合呈片状，称“颚刺器”，头部背面向前延伸形成口上板，与口下板愈合成一根管子，包围口针。咀嚼式的螯肢端节连接在基节的侧面，可以活动，整个螯肢呈钳状，可以咀嚼食物。前肢体段着生前面两对足，后肢体段着生后面两对足，合称肢体段。足由 6 节组成：基节、转节、腿节、膝节、胫节、跗节。末体段即腹部，肛门和生殖孔一般开口于末体段腹面。

二、蜱螨的生物学特征

（一）生殖方式

多两性卵生。发育阶段雌、雄有别。雌性经过卵、幼螨、第一若螨、第二若螨到成螨；雄性则无第二若螨期。有些种类进行孤雌生殖。繁殖迅速，一年最少 2~3 代，最多 20~30 代。

（二）生活史

螨一生经历卵、幼螨、若螨、成螨四个阶段。

（三）食性

有植食性，也有捕食性。

（四）螨的常见种类

叶螨科、植绥螨科。

三、防治

应用杀螨特、螨死净、克螨特、阿维菌素、四螨嗪、炔螨特等进行防治。

第二章　病害识别

第一节　植物病害的概念

一、什么是植物病害

植物在一定的外界环境条件下生长、发育，进行正常的生理活动。在最适宜的环境条件下植物的生长发育处于最佳状态。但是这种最适条件的配合一般不能保证经常存在，当环境中条件在一定幅度内发生变化时，植物具有一定的自我调节和适应的能力，如环境中某一或某些生物或非生物因素对植物生理程序干扰过强，使其功能偏离常态过大，超过了植物的调节适应能力，则引起病态变化。所以植物病害的概念是：植物生长发育过程中，在一定外界条件的影响下，植物受生物或非生物因子的干扰作用，超越了它能忍受的范围，致使在生理上和形态上发生一系列的变化，生长发育不正常，表现出一些特有的外部症状及内部病理变化，并因此而降低了对人类的经济价值。这种现象叫植物病害。

二、植物病害的分类

植物病害可按病原分为非侵染性病害和侵染性病害两大类。侵染性病害又可根据病原物的种类分为真菌病害、病毒病害、细菌病害、线虫病害及寄生性种子植物病害等。根据病原物分类的最大优点是每一类病原物所引起的病害有许多共同的地方，所以这种分类法最能说明各类病害发生发展的规律和防治上的特点。为了便于诊断，植物病害可根据受害的部位分根病、茎病、叶病及花病、果病等。

植物病害也可以按寄主植物分为大田作物病害、蔬菜病害、果树病害、花卉病害、药用植物病害等，若分得更细一些可以单一作物为主题，如小麦病害、水稻病害等，这个方法的优点是便于了解一种作物的病害问题。

植物病害还可以根据病害的传播方式来分，可分为空气传播、土壤传播、种苗传播、机械传播、昆虫传播的病害。因为病害的防治和病害传播方式有密切联系，这种分法便于根据传播方式考虑防治措施。

一种作物上往往可以发生许多病害，可以根据发生时期分为苗期病害、成株期病害和贮藏期病害等，由于各个时期病害的性质不同，防治重点不同，应根据主要对象来考虑防治措施。

三、植物病害的症状

植物发生病害有一定的病理变化程序，即病变过程，无论是非侵染性或侵染性病害都是先在受害部位发生一些外部观察不到的生理活动的变化，产生生理病变。随后细胞和组织也发生病变，最后发展到从外部可以观察的病变，因此，植物病害表现的症状是植物内部发生了一系列变化的结果。

症状是植物和病原物两者的综合反映。一般把植物本身的病变称为病状，把病原物在植物发病部位所形成的有一定特点的结构称为病症。所以，一般所说的症状包括了这两者。

（一）病状

1. 变色

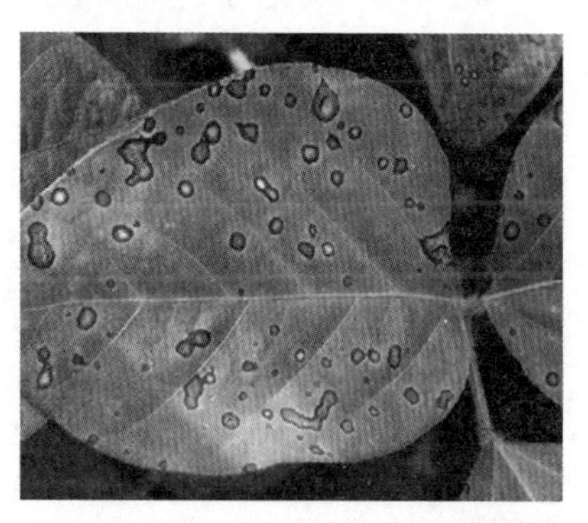

图 3-32

植物受害后局部或全株失去正常的绿色称为变色。如叶绿素的形成受到抑制，造成叶绿素减少而出现褪绿，叶绿素减少到一定程度时叶片发黄，表现为黄化。花青素过盛时叶片发红或呈红色。另一种形式是叶片不是均匀地变色，而是深绿或黄色部分相间，则称为花叶。

2. 坏死

植物的细胞和组织死亡而造成坏死，坏死是在叶片上表现为叶斑和叶枯。叶斑形状、大小和颜色不同，但轮廓都比较清楚。叶斑的坏死组织有时可以脱落而形成穿孔叶斑症状，有的叶或果上的病斑圆形或有轮纹或呈角形，可按斑的形状称为“圆斑”“纶纹斑”“角斑”等。较大面积的枯死，便造成叶枯、芽枯、茎枯等症状。

3. 腐烂

指的是植物组织较大面积的分解和破坏。植物的根、茎、花、果都可以发生腐烂，幼嫩或多肉的组织则更容易发生。腐烂有时与坏死很难区别，一般来讲，腐烂是整个组织和细胞受到病原物的破坏和分解，而坏死则多少还保持原有组织和细胞的轮廓。腐烂可分干腐、湿腐和软腐等，根据腐烂的部位又可分根腐、茎腐、基腐、花腐、果腐等，幼苗的根或茎腐烂，幼苗直立死亡称为立枯，幼苗倒伏，称为猝倒。

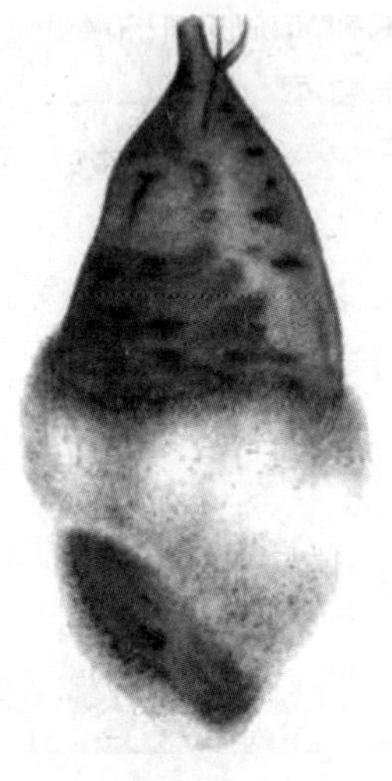
图 3-33

4. 萎蔫

是指植物失水而发生凋萎。萎蔫有各种原因，典型的萎蔫症状是植物的茎或根的维管束受病原物侵害，菌体堵塞导管或产生毒素，阻碍或影响水分的输送。这种萎蔫是不能恢复的。此外根或茎的进一步坏死和腐烂或土壤缺水也可使植株萎蔫。

5. 畸形

畸形的种类很多，增生性的畸形有枝条不正常地增加、产生丛枝、局部细胞增生形成肿瘤、根的过度增多形成发根等，抑制性的畸形有叶变小、叶缺、植株矮小、节间缩短等。病部组织发育不均衡时出现扭曲、皱缩、卷叶等。

图 3-34

（二）病症

1. 霉状物

是指真菌在病部产生的各种颜色的霉层，如黑霉、白霉等，它们主要是由半知菌的分生孢子梗和孢子、鞭毛菌的孢囊梗和游动孢子等组成的。

2. 粉状物

指的是真菌在病部产生的各种颜色的粉状物，如黑粉、白粉、锈色粉等，由一些真菌的厚垣孢子、分生孢子或锈菌的孢子堆等组成。

3. 粒状物

是指真菌在病部产生的黑色或黑褐色颗粒状物，为了囊菌的子囊果或半知菌的分生孢子器、分生孢子盘，很小，有时肉眼很难看清，往往要借助放大镜观察。至于有些米粒大小或鼠粪大小的黑色颗粒，则是真菌的菌核。

4. 丝状物

是指真菌在病部长出的菌丝体，有时其中夹有真菌的繁殖器官。

5. 脓状物

是指许多细菌性病害在病部表面有菌脓或菌液层，其中有大量菌性，干后成为菌胶粒或菌膜。

症状对植物病害的诊断有很大意义，尤其是有病症存在时，说明病部有病原物，可以说是植物侵染性病害的标志，但要注意是否植物组织死亡后上去的腐生菌。有些病害根据症状就可以诊断，如麦角病、黑粉病、白粉病、锈病和霜霉病等，有些病害或因环境条件影响，或因寄主品种与生育期不同而产生的症状不同，而有些不同病原物又能产生相同的症状。对大多数病害来讲，症状可作为初步诊断的根据，但必须进一步鉴定它的病原物，才能作出正确的诊断。

第二节　植物病害病原物的识别

引起植物发病的病原物有多种，其中与农作物有关和比较重要的有六大类，即真菌、细菌、类菌原体、病毒、线虫和寄生性种子植物。

一、真菌识别

真菌在自然界中分布极广，淡水、海水和土壤以及地面的各种物体上都发现有真菌。目前已有记载的约有 10 万种以上，大部分是腐生的，少数可引起植物及人、畜病害。

在植物病害中，真菌性病害的数量最多，据估计有80%以上的病害是由真菌引起的。几乎每种作物都有几种至几十种真菌病害。有不少真菌性危害相当严重，如作物上常见的黑粉病、锈病、白粉病和霜霉病等，都是由真菌引起的，发生相当普遍。因此，植物病害病原物中，真菌最为重要。

真菌是一类不同于动物和植物的微生物，其主要特征：营养体很简单，常常是分枝繁茂的丝状体，没有根、茎、叶的分化，也没有维管束组织，但细胞内已经有固定的细胞核，具有几丁质或纤维素或二者兼有的细胞壁，属真核生物；没有叶绿素或其他可以进行光合作用的色素，属异养生物，主要是从外界吸收营养物质，少数靠吞食其他微生物或有机质。典型的繁殖方式是产生各种类型的孢子。

真菌是多型性的生物，在其生长发育过程中，表现出多种形态特征。一般分两类：一为功能上没有分工的菌丝，即维持生存的营养体；二为形态多样的各式孢子，即传宗接代的繁殖体。

（一）真菌的营养体—菌丝及菌丝体

真菌营养生长阶段的结构，用来吸收水分和养料，进行营养增殖的菌体称为营养体。真菌的营养体除少数为单细胞（如酵母菌）外，大多数都是极为细小的丝状体。每一根丝状体称为菌丝，组成真菌菌丝的一团菌丝称为菌丝体。极低等的真菌，没有丝状的菌丝体，它的营养体只不过是没有细胞壁的原质团（变形体）。

菌丝通常是圆管状，分枝不同真菌的菌丝粗细不同，一般粗细为5～6μm。幼龄菌丝一般无透明，老龄菌丝常呈现各种色泽，如褐色、棕色、紫色等。菌丝外部为细胞壁，内部为含有原生质、细胞核、液泡和油滴等内含物。细胞核很小，在营养生长阶段不很清楚，但在生殖阶段时，特别是一些较高等的真菌，细胞核就变得大而明显。

低真菌的菌丝一般没有隔膜，管状，内含许多细胞核，全体犹如一个多核的细胞，这种菌丝称为无隔菌丝或管状菌丝。高等真菌的菌丝，有很多隔膜，分为若干菌丝细胞，每个细胞内含有一至多个核，细胞之间有孔道相通，这种菌丝称为有隔菌丝或细胞状菌丝。

一条管状菌丝或菌丝体的片段为大多数真菌的营养体单位，它在基物上或基物内向各方分枝延伸吸取养料。菌丝一般由孢子萌发后延长形成，或由一段菌丝细胞增长而成。菌丝为顶端生长。但其各部分均有潜在的生长能力，任何一段微小碎片或片段都能产生一个新的生长点，并发展成新的个体。菌丝生长是无限的。

（二）真菌的繁殖体

真菌的营养体生长到一定时期后开始形成繁殖体，产生各种类型的孢子。真菌的繁殖方式分无性繁殖和有性繁殖。

1. 无性繁殖

真菌的无性繁殖指不经过细胞生成性器官的结合，直接由营养菌丝分化形成孢子的繁殖方式。通过无性繁殖组成的孢子称为无性孢子。常见的无性繁殖有游动孢子、孢囊孢子、分生孢子等。

A. 营养繁殖的各种孢子：1. 芽生孢子；2. 厚壁孢子；3. 节孢子。B. 无性生殖的各种孢子：4. 游动孢子；5. 孢囊孢子；6. 分生孢子

图 3–35　营养繁殖和无性生殖的各种孢子

2. 有性繁殖

真菌的有性繁殖是指由两个交配的性细胞或性器官结合形成孢子的繁殖方式。通过有性繁殖形成的孢子称为有性孢子。

真菌的有性繁殖方式有多种，低等真菌两个单细胞的营养

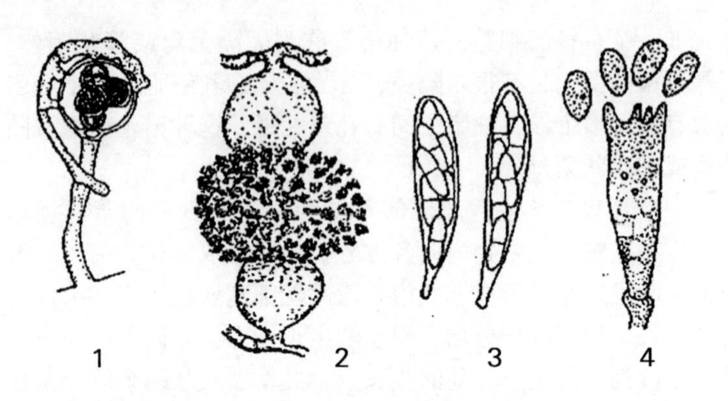

1. 卵孢子　2. 接合孢子　3. 子囊孢子　4. 担孢子

图 3-36　真菌的有性孢子

体或两根菌丝就可结合，多数真菌是在菌丝体上分化出性器官进行交配。真菌的性器官称为配子囊，配子囊内的性细胞称配子。两种不同性别的配子囊或配子，大小、形状相同者，称为同型配子囊或同型配子，大小、形状不同者，则称为异型配子囊或异型配子，经过有性繁殖，不同真菌可分别形成不同的有性孢子。

真菌的有性孢子一般是休眠孢子，一年往往只发生一代，产生数量也较少，但对环境的抵抗力较强，有度过不良环境的作用。

真菌从一种孢子萌发开始，经过生长和发育，最后产生同一种孢子的全过程称为生活史，亦称为个体发育史。真菌典型的生活史一般包括无性阶段和有性阶段，即营养菌丝在适宜的条件下产生无性孢子，无性孢子萌发形成芽管，并继续生长形成新的菌丝体，这是无性阶段，在一个生长季节常循环多次。至生长后期进入有性阶段，菌丝体上开始形成两性交配细胞，两性细胞经过质配、核配和减数分裂后，产生有性孢子，有性孢子萌发再产生菌丝体。

大部分真菌在其整个生活史中只产生一种无性孢子和一种有性孢子，也有少数真菌在其生活史中可产生多种类型的孢子，产生多种类型孢子的现象称为真菌的多型性，如锈菌典型的生活史可产生五种类型的孢子，即冬孢子、夏孢子、锈孢子、担孢子及性孢子。如果各种类型的孢子在同一寄主上就可完成其生活史的称为单主寄生；需要在两种不同的寄主上才能完成其生活史的称为转主寄生。

有些真菌不产生有性孢子，只以无性生殖完成其生活史，如许多半知菌。而有的真菌在其生活史中几乎没有无性繁殖，如黑粉菌和锈菌。

在细胞生物的五界系统中，真菌作为一界与动物界、原生界和原核界鼎足而立。真菌界下分黏菌门和真菌门，真菌门下分鞭毛菌、结合菌、子囊菌、担子菌和半知菌五个亚门。各亚门真菌的主要区别见表 3-1。

表 3-1

亚　门	营养体	无性繁殖	有性繁殖
鞭毛菌亚门	单细胞或无隔多核菌丝	孢子囊产生具有鞭毛的游动孢子	同型配子配合产生休眠孢子或异型配子囊配合产生卵孢子
结合菌亚门	无隔多核菌丝	孢子囊产生无鞭毛的孢囊孢子	同型配子囊接触配合产生接合孢子
子囊菌亚门	单细胞（少数）或发达的有隔菌丝	分生孢子	异型配子囊配合或精子配合产生内生的子囊孢子
担子菌亚门	发达的有隔菌丝	很少产生无性孢子	菌丝联合或精子配合产生外生的担孢子
半知菌亚门	发达的有隔菌丝	分生孢子	缺有性生殖

二、细菌识别

植物细菌性病害是有细菌引起的传染性病害。细菌作为植物病害的病原，其重要性仅次于真菌和病毒，居第三位。许多植物细菌性病害已经成为生产上的重要的问题。如水稻白叶枯病和条斑病、马铃薯环腐病、茄科和其他作物的青枯病、十字花科蔬菜的软腐病等。此外，水稻褐斑病、大豆细菌性斑点病、马铃薯黑胫病、黄瓜角斑病等都是危害较大的细菌性病害。

细菌属原核界，是一类原核单细胞生物，结构简单。少数为自养生物，多数为异养生物。在异养细菌中，多数营腐生生活，少数寄生生活。

细菌体形很小，一般光学显微镜必须用高倍或油镜方能观察到其外形。一般长度为1~3μm，宽为0.5~0.8μm。

细菌的菌体为单细胞，有细胞壁和细胞膜，没有真正的细胞核，只有分散于细胞质中的核质。菌体有球状、杆状和螺旋状，植物病原菌全是杆状。有的细菌在细胞壁外还有一层厚厚的荚膜，具有抵抗干燥的作用。菌体的一端、两端或四周具有鞭毛。鞭毛是细菌的运动器官，多数细菌能在水中运动。鞭毛数目从一根到多根，着生方式有单生、两极生和四周生等。鞭毛的数目和着生方式是细菌分类的重要依据。

细菌以二裂方式进行繁殖，即一分为二，这种方式称为“裂殖”。当细菌生长到一定限度时，菌体稍微伸长，细胞质膜中部向内延伸，细胞内物质重新分配，同时形成新的细胞壁，最后母细胞从中间分裂为两个细胞。细菌繁殖很快，其速度是惊人的，在适宜的条件下每20分钟就可繁殖一代。一个细胞经一昼夜后便可繁殖到数亿个。这也是细胞病害发展快，危害严重的原因之一。

植物病原细菌主要通过气孔、皮孔、蜜腺等自然孔口或伤口侵入，侵染最主要的条件是高湿度。

细菌引起病害造成病斑症状的是黄单胞杆菌，引起腐烂有臭味的是欧氏杆菌，引起畸形的是野杆菌属，引起萎蔫的是假单胞杆菌、黄单胞杆菌、棒状杆菌。这五类病原细菌引起病害的共同病症是在潮湿条件下病部产生白色到黄褐色的溢脓。

一般高温、多雨，尤以暴风雨后，细菌病害易发生和流行。

三、类菌原体识别

类菌原体是20世纪70年代末发现的一类病原物。过去这类病原物引起的病害都列在病毒病害中。1967年，日本学者研究桑树萎缩病，证实了病原不是病毒，它与某些动物疾病的菌原体极类似，故称为类菌原体（MLO），并把它从病毒病中独立出来。类菌原体的主要特征有：

（1）类菌原体是比病毒大比细菌小的一类原核生物，也是目前已知能够进行代谢的最小的细胞生物。结构简单，单细胞，表面有膜结构，但没有细胞壁。这个膜是软的，因而菌体的形状不固定，通常为圆形、卵形、纺锤形、线形等，大小为80~800nm。

（2）类菌原体寄生于寄主细胞的筛管细胞内，离开寄主细胞后可进行人工培养。

（3）繁殖方式有出芽和裂殖。在固定培养基上形成荷包蛋状的小菌落。

（4）类菌原体都是由叶蝉、木虱、飞虱等媒介昆虫传播的。

（5）防治类菌原体病害，施用四环素类药物后对病害病状有抑制作用，但不能根除。目前，还要从培养无病苗木、治虫、加强栽培管理、增强植物耐病力入手。

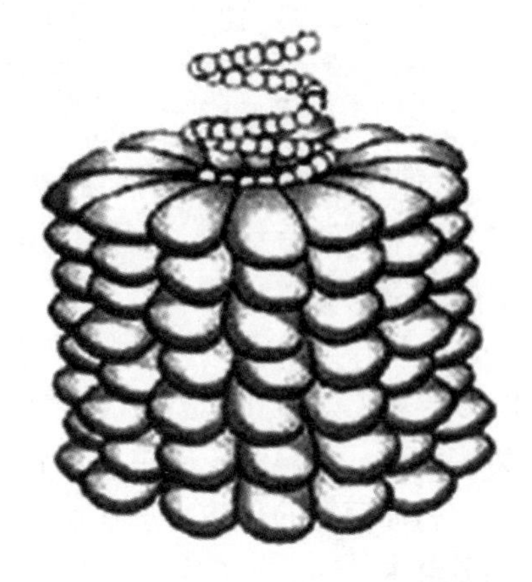

图3-37　烟草花叶病毒结构示意图

（6）类菌原体病害的症状特点：现在研究知道，许多黄化型、丛枝型的病害都是由类菌原体引起的，其症状特征为枝芽丛生，叶芽层出；花部变叶，叶小、黄化或变红；植株矮化、畸形和发育不良或不育性等。黄化型为整株发黄，如枣疯病、泡桐丛枝病、甘薯丛枝病、番茄黄化病、水稻黄萎病、玉米矮化病等，我国已报道的类菌原体病害约有 10 多种。

四、病毒识别

(一) 基本概念

1. 病毒

病毒是一类无细胞结构的、本身缺少代谢系统，外被蛋白质衣壳，内有核酸核芯的非细胞形态的专性寄生物。

2. 带毒现象

有少数病毒侵染寄主植物后，虽然在寄主体内繁殖并存在大量病毒粒子，但寄主植物并不表现症状，这种现象称带毒现象，又称潜隐性病毒病。

3. 失毒温度

将含有病毒的植物汁液在不同温度下处理 10 分钟，使其失去致病力的最高温度，称“失毒温度”。

4. 稀释终点

将含有病毒的植物汁液用水稀释，直至保持致病力的最大稀释倍数，称稀释终点。

5. 体外保毒期

在 20~22℃温度下，含有病毒的植物汁液在离开植物体后保持致病力的最长时间，称“体外保毒期”。

(二) 性状、特征与防治

病毒粒子形态有三种：杆状、球状、纤维状。病毒是靠增殖方式来繁殖后代的。病毒是活体寄生物，其寄主范围较宽，为系统侵染病害。

病毒只能从新鲜的微伤口侵入。症状主要是花叶、矮缩、畸形、坏死、黄化和丛枝。病毒病发生轻重主要与昆虫介体有关，高温、干旱利于昆虫繁殖和活动，病毒病就重。

病毒病害的防治，重在预防。应及时消灭传毒昆虫，培育无毒苗木。

五、类病毒识别

类病毒是寄生在高等植物细胞内的一类最小的病原物，它有与病毒相似的性状，如滤性的非细胞形态，在植物细胞内寄生的专一性，在寄主细胞内能以自我复制的方式增殖，以及对寄主植物的致病性等。但是与病毒不同的是，类病毒只有核糖核酸，没有蛋白质衣壳。类病毒最早是由迪纳（Diener）等人于1967~1971年研究马铃薯纺锤块茎病时发现的一类新的病原物，以后又由一些人在其他植物病害中相继发现类病毒病原。到目前为止，我国已发现四种类病毒病。

类病毒病侵染植物后表现的症状与病毒病很相似，病株生长受到抑制，有的矮化、细叶、叶片褪绿斑驳，有的表现枝条丛生，果实白化、变形等畸形症状。

类病毒是专性寄生物，和病毒相似，同一种类病毒也有不同的株系。类病毒的寄主范围较广，如马铃薯纺锤块茎类病毒可寄生于11个科128个种的植物上。

类病毒多数可以通过汁液和机械接触传染，嫁接和菟丝子也可以传染类病毒病，有的则可以由介体昆虫传染，还有的可以种传。

至于类病毒如何在植物体内复制，以及如何引起植物病害，目前尚不清楚。

防治类病毒病，目前尚未有有效的办法，主要是减少初侵染病，使用无病种苗，此外就是注意减少田间传染，加强栽培管理，增强寄主的抗性。

六、线虫识别

线虫是一类低等动物，少数营寄生生活，可引起植物病害。其虫体细小、筒状、两端尖，雌雄同形或异形。线虫的寄生方式分为外寄生和内寄生。线虫的致病性除直接损伤和吸取植物营养、分泌唾液或毒素引起病变外，还成为其他病原物的传播媒介。

线虫所致病害的症状有：植株矮小、叶片黄化、局部畸形、根部腐烂。

防治植物线虫病的基本措施有：加强植物检疫；增施有机肥；实行轮作或间作；用药剂（如：毒死蜱、阿维菌素、特丁硫磷等）进行种植材料和土壤的处理。

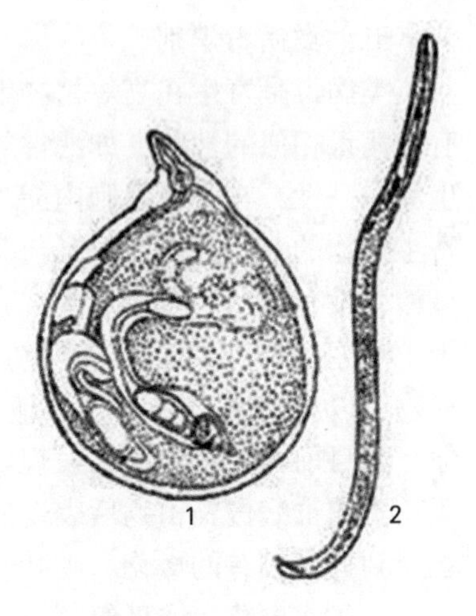

1. 雌成虫　2. 雄成虫
图 3-38　花生根结线虫

七、寄生性种子植物识别

大多数植物为自养生物，能自行吸收水分和矿物质，并利用叶绿素进行光合作用合成自身生长发育所需的各种营养物质。但也有少数植物由于叶绿素缺乏或根系、叶片退化，必须寄生在其他植物上以获取营养物质，称为寄生性植物。大多数寄生性植物为高等的双子叶植物，可以开花结籽，又称为寄生性种子植物。

（一）寄生性植物的寄生性

根据寄生性植物对寄主植物的依赖程度，可将寄生性植物分为全寄生和半寄生两类。全寄生性植物如菟丝子、列当等，无叶片或叶片已经退化，无足够的叶绿素，根系蜕变为吸根，必须从寄主植物上获取包括水分、无机盐和有机物在内的所有营养物质。解剖的特点是两个植物的导管和筛管相连，寄主植物体内的各种营养物质可不断供给寄生性植物；半寄生性植物如槲寄生、桑寄生等本身具有叶绿素，能够进行光合作用，但需要从寄主植物中吸取水分和无机盐，在解剖上的特点是两个植物的导管相连。它们与寄主植物主要是水分的依赖关系，又称为水寄生。

寄生性植物在寄主植物上的寄生部位也是不相同的，有些为根寄生，如列当；有些则为茎寄生，如菟丝子和槲寄生。

（二）寄生性植物的主要类群

1. 菟丝子科菟丝子属

菟丝子属植物是世界范围分布的寄生性种子植物，在我国各地均有发生，寄主范围广，主要寄生于豆科、菊科、茄科、百合科、伞形科、蔷薇科等草本和木本植物上。菟丝子属植物为全寄生、一年生攀藤寄生的草本种子植物，无根；叶片退化为鳞片状，无叶绿素；茎藤多为黄色丝状。菟丝子花较小，白色、黄色或淡红色，头状花序。蒴果扁球形，内有 2~4 粒种子；种子卵圆形，稍扁，黄褐色至深褐色。

菟丝子种子成熟后落入土壤或混入作物的种子中，成为第二年的主要初侵染源。翌年菟丝子种子发芽后，长出可旋卷的淡黄色线状幼茎，遇到寄主后即紧密缠绕寄主茎部，并在接触的部位产生吸盘侵入寄主植物的维管束内吸取水分和养分。之后吸盘下边的茎就逐渐萎缩死亡。而其上部的茎则不断缠绕寄主，并可向四周蔓延危害。寄主植物遭菟丝子危害后生长严重受阻。

在我国主要有中国菟丝子和日本菟丝子等。中国菟丝子主要危害草本植物，日本菟丝子则主要危害木本植物。

田间发生菟丝子为害后，一般是在开花前长度彻底割除菟丝，或采取深耕的方法将种子深埋使其不能萌发。近年来用“鲁保一号”防效也很好。

2. 列当科列当属

列当属植物在我国主要分布于西北、华北和东北地区。寄主为瓜类、豆类、向日葵、茄果类等植物。列当属植物为全寄生，一年生草本植物，茎肉质，单生或有分枝；仅在茎基部有退化为鳞片状的叶片，无叶绿素；根退化成吸根伸入寄主根内吸取养料和水分。花两性，穗状花序，花冠筒状，多为蓝紫色；果为球状蒴果，内有几百甚至数千粒种子；种子极小，卵圆形，深褐色，表面有网状花纹。

列当主要以种子形式借气流、水流、农事操作活动等传播。种子在土壤中可保持生活力达10年之久。遇到适宜的温、湿度条件和植物根分泌物的刺激，种子就可以萌发。种子萌发后产生的幼根向下部生长，接触寄主的根后生成吸盘侵入寄主植物根部吸取水分和养分。之后茎开始发育并长出花茎，造成寄主生长不良和严重减产。

我国重要的列当种类有：埃及列当，主要寄主为瓜类植物；向日葵列当，主要寄主为向日葵。

3. 桑寄生科槲寄生属

槲寄生多为绿色灌木，有叶绿素，营半寄生生活，主要寄生于桑、杨、板栗、梨、桃、李、枣等多种林木和果树等木本植物的茎枝上。

槲寄生为绿色小灌木。叶肉质肥厚无柄对生，倒披针形或退化成鳞片；茎圆柱形，二歧或三歧分枝，节间明显，无匍匐茎；花极小，单性，雌雄同株或异株；果实为浆果，黄色。

槲寄生的种子由鸟类携带传播到寄主植物的茎枝上，萌发后胚轴在与寄主接触处形成吸盘，由吸盘中长出初生吸根，穿透寄主皮层，形成侧根并环绕木质部，再形成次生吸根侵入木质部内吸取水分和矿物质。

槲寄生发现后应及时锯除病枝烧毁，喷洒硫酸铜800倍稀释液有一定防效。

第三节　生理性病害识别

由不适宜的物理、化学等非生物环境因素直接或间接引起的植物病害。称为生理性病害。因不能传染，也称非传染性病害。

非侵染性病害是由非生物因子引起的病害，如营养、水分、温度、光照、和有毒物质等，阻碍植株的正常生长而出现不同病症。有些非侵染性病害也称植物的伤害。植物对不利环境条件有一定适应能力，但不利环境条件持续时间过久或超过植物的适应范围时就会对植物的生理活动造成严重干扰和破坏，导致病害，甚至死亡。这些由环境条件不适而引起的果树病害不能相互传染，故又称为非传染性病害或生理性病害。这类病害主要包括缺镁症、缺锰症、缺锌症、缺铁症、缺钙症、缺钾症、缺铜症、缺硼症等。

一、营养失调

土壤中的植物必需元素供应不足时，可使植物出现不同程度的褪绿，而有些元素过多时又可引起中毒。氮是植物细胞和蛋白质的基本元素之一。植物缺氮时植株矮小、叶色淡绿或黄绿，随后转为黄褐并逐渐干枯。氮过剩时，植物叶色深绿、营养体徒长成熟延迟；过剩氮素与碳水化合物作用形成多量蛋白质，而细胞壁成分中的纤维素、木质素则形成较少，以致细胞质丰富而细胞壁薄弱，这样就降低了植株抵抗不良环境的能力，易受病虫侵害，且易倒伏。长期使用铵盐作为氮肥时，过多的铵离子会对植物造成毒害。磷是细胞中核酸、磷脂和一些酶的主要成分。缺磷时，植株体内积累硝态氮，蛋白质合成受阻，新的细胞核和细胞质形成较少，影响细胞分裂，导致植株幼芽和根部生长缓慢，植株矮小。钾是细胞中许多成分进行化学反应时的触媒。缺钾时，叶缘、叶尖先出现黄色或棕色斑点，逐渐向内蔓延，碳水化合物的合成因而减弱，纤维素和木质素含量因而降低，导致植物茎秆柔弱易倒伏，降低抗旱性和抗寒性，还能使叶片失水、蛋白质解体、叶绿素遭受破坏，叶色变黄，逐渐坏死。镁是叶绿素的组成分，也参与许多酶的作用，缺镁现象主要发生在降雨多的砂土中，受害株的叶片、叶尖、叶缘和叶脉间褪绿，但叶脉仍保持正常绿色。钙能控制细胞膜的渗透作用，同果胶质形成盐类，并参与一些酶的活动，缺钙的最初症状是叶片呈浅绿色，随后在顶端幼龄叶片上呈破碎状，严重时顶芽死亡。铁在植物体内处于许多重要氧化还原酶的催化中心位置，是过氧化氢酶和过氧化物酶的成分之一，固氮酶的金属成分，也是叶绿素生物合成过程不可缺少的元素，缺铁导致碳、氮代谢的紊乱，干扰能量代谢，并会导致叶色褪绿。此外，在缺钼、缺锌、缺锰、缺硼和锰中毒等条件下植物也会发生非侵染性病害。在必需元素中，有的是可再利用的元素，如氮、磷、钾、镁、锌等缺乏时，首先在下部老叶上表现褪绿症状，而嫩叶则能暂时从老叶中转运得到补充；有的是不能再利用的元素，如钙、硼、锰、铁、硫等缺乏时就首先在幼叶上表现褪绿，因老叶中的这类元素不能转运到幼叶中。

二、土壤水分失调

如旱害可使木本植物的叶子黄化、红化或产生其他色变，随后落叶。受旱害植物的叶间组织出现坏死褐色斑块，叶尖和叶缘变为干枯或火灼状，当植物因干旱而达永久萎蔫时，就出现不可逆的生理生化变化，最后导致植株死亡。涝害的症状是叶子黄化、植株生长柔嫩，根和块茎及有些草本茎有胀裂现象，有时也可使器官脱落（见水涝害）。

土壤水分失调常表现为以下两种情况：

（一）干旱

在土壤干旱缺水的条件下，植物常发生萎蔫现象，生长发育受到抑制，甚至死亡。

（二）水涝

土壤水分过多，往往发生水涝现象，常使根部窒息，引起根部腐烂，叶片发黄，花色变浅，严重时植株死亡。

出现水分失调现象时，要根据实际情况，适时适量灌水，注意及时排水。浇灌时尽量采用滴灌或沟灌，避免喷淋和大水漫灌。

三、温度不适宜

植物在高温下常出现光合作用受阻，叶绿素破坏，叶片上出现死斑，叶色变褐、变黄，未老先衰以及配子异常，花序或子房脱落等异常生理现象。在干热地带，植物和干热地表接触可造成茎基热溃疡。高温还可造成氧失调，如由土壤高温高湿引起的缺氧，可使植物根系腐烂和地上部分萎蔫；肉质蔬菜或果实则常因高温而呼吸加速。低温对作物的伤害可分为冷害和冻害两种。冷害的常见症状是色变、坏死或表面出现斑点；木本植物则出现芽枯、顶枯，自顶部向下发生枯萎、破皮、流胶和落叶等现象，如低温的作用时间不长，伤害过程是可逆的。冻害的症状是受害部位的嫩茎或幼叶出现水渍状病斑，后转褐色而组织死亡；也有的整株成片变黑，干枯死亡；还可造成乔木、灌木的“黑心”和霜裂、多年生植物的营养枝死亡，以及芽和树皮的死亡等。温度不适宜常见于以下两种情况：

（一）高温

高温常使花木的茎干、叶、果受到灼伤。

（二）低温

低温对植物危害很大。霜冻是常见的冻害。低温还能引起苗木冻伤。

树干涂白是保护树木免受日灼伤和冻害的有效措施。

四、光照不适宜

缺少光照时，植物常发生黄化和徒长，叶绿素减少，细胞伸长而枝条纤细等现象阳性植物尤为显著。强光下则可使阴性植物叶片发生黄褐色或银灰色的斑纹。急剧改变作物的光照强度，易引起暂时落叶。

不同的植物对光照时间长短和强度大小的反应不同，光照不适宜常造成植物生长发育不良，甚至死亡。

我们应根据植物的习性加以养护。喜光植物，宜种植在向阳避风处。耐阴植物，忌阳光直射，应给予良好的遮阳条件。喜阴植物喜阴湿环境，除冬季和早春外，均应置荫棚下养护。

五、通风不良

适宜的株行距有利于通风、透气、透光，改善环境条件，提高植物生长势，并造成不利于病菌生长的条件，减少植物病害的发生。

六、土壤酸碱度不适宜

许多植物对土壤酸碱度要求严格，若酸碱度不适宜易表现各种缺素症，并诱发一些侵染性病害的发生。

我国南方多为酸性土壤，易缺磷、缺锌；北方多为石灰性土壤，易发生缺铁性黄化病。

七、有毒物质的影响

有毒物质通常指以下几类：

（一）环境污染

工业废气、废水，土壤被污染后中的有毒物质都能直接或通过污染土壤、水源而为害植物。其受害程度和症状表现因植物的抗性和年龄、发育状况以至形态构造等而异。导致非侵染性病害的有毒物质主要有：

1. 二氧化硫

它首先破坏植物栅栏细胞的叶绿体，然后破坏海绵组织的细胞结构，造成细胞萎缩和解体。受害作物初始症状有的从微失膨压到开始萎蔫；也有的出现暗绿色的水渍状斑点，进一步发展成为坏死斑。急性中毒伤害时呈现不规则形的脉间坏死斑，伤斑的形状呈点、块或条状，伤害严重时扩展成片。嫩叶最敏感，老叶的抗性较强。

2. 氟化物

对一些与金属离子有关的酶具有抑制作用，因而能干扰植物的代谢。氟化物和钙结合成不溶性物质时可引起植物缺钙。常见症状是叶尖和叶缘出现红棕色斑块或条痕，叶脉也呈红棕色，最后受害部分组织坏死，破碎、凋落。植物对氟化物的敏感性因种类和品种不同而有很大差别。在低水平氮和钙的条件下，坏死现象较少发生；在缺钾、镁或磷时，则影响特别严重。

3. 氧化氮和臭氧

受害植物的一般症状表现为老叶由黄变白色或黄淡色条斑，扩展成为坏死斑点或斑块。伤害累积可导致未熟老化或强迫成熟。臭氧被植物吸收后可改变细胞和亚细胞的透性，氧化与酶活力有关的硫氢基（—SH）或拟脂及其他化学成分，干扰电解质和营养平衡，使细胞因而解体死亡。

4. 硝酸过氧化乙酰

其与一氧化氮、二氧化氮、臭氧等的混合物在光或紫外线的照射下形成的光化学烟雾，可使植物光合作用减弱而呼吸作用增强。症状为叶背气室周围海绵细胞或下表皮细胞原生质被破坏而形成半透明状或白色的气囊，叶子背面逐渐转为银灰色或古铜色，而表面却无受害症状；对谷类作物的伤害则表现为叶片表面出现坏死带。

5. 氯气

对植物的叶肉细胞有很大的杀伤力，能很快破坏叶绿素，产生褪色伤斑，严重时全叶漂白、枯卷甚至脱落。受伤组织与健康组织之间无明显界线，同一叶片上常相间分布不同程度的失绿、黄化伤斑。

6. 氨气

在高浓度氨气影响下，植物叶片会发生急性伤害，使叶肉组织崩溃，叶绿素解体，造成脉间点、块状褐黑色伤斑，有时沿叶脉两侧产生条状伤斑，并向脉间浸润扩展，伤斑与正常组织间有明显界线。

7. 乙烯

低浓度乙烯是植物激素，但浓度太高会抑制生长，毒害作物。棉花最敏感。行道树和温室作物也常受害，产生缺绿、坏死、器官脱落等症状。

（二）农药、化肥、植物生长调节剂使用不当

化学药剂如使用不当，对农作物或种子会产生药害：

1. 急性药害

一般在喷药后 2~5 天出现，其症状表现为叶面或叶柄茎部出现烧伤斑点或条纹，叶子变黄、变形、凋萎、脱落。多因施用一些无机农药，如砷素制剂、波尔多液、石灰硫黄合剂和少数有机农药如代森锌等所致。

2. 慢性药害

施药后症状并不很快出现，有的甚至 1~2 个月后才有表

现。可影响植物的正常生长发育，造成枝叶不繁茂、生长缓慢，叶片逐渐变黄或脱落，叶片扭曲、畸形，着花减少，延迟结实，果实变小，籽粒不饱满或种子发芽不整齐、发芽率低等。多因农药的施用量、浓度和施用时间不当所致。拌种用的砷、铜和汞剂侵入土壤后可破坏土壤中的有益微生物或毒杀蚯蚓，造成土壤中元素的不平衡和土壤结构的改变，也可使植物生长不良或茎叶失绿。但不同的作物或果树品种对农药和除草剂的抵抗能力有差别，植物体内的生理状况、植物叶片的酸碱度和植物所处的不同生育阶段也可影响其对农药的敏感程度。

为防止有毒物质对花木的毒害，应合理使用农药和化肥，在城镇工矿区应注意选择抗烟性较强的花卉和树木进行绿化，改善环境。

第四节　植物病害的发生发展

一、植物病害的发生过程

病程：从病原物与寄主感病部位接触侵入，到引起植物表现症状所经历的全部过程，称为病害的发病过程，简称病程。

病程大致可划分为以下四个时期：

(一) 接触期

从病原物同寄主接触到开始萌发入侵称“接触期”。

病毒、植原体和类病毒的接触和侵入是同时完成的；细菌从接触到侵入几乎也是同时完成的，都没有明显的接触期。而真菌接触期的长短因种而异。

这段时间病原物处在寄主体外，受到环境中复杂的物化因素和各种微生物的影响，病原物必须克服各种不利因素才能进一步侵染，若能阻止病原物与寄主植物接触或创造不利于病原物生长的微生态条件可有效地防治病害。

(二) 侵入期

从病原物侵入寄主到建立寄生关系这一段时期，称“侵入期”。

侵入期是病原物侵入寄主植物体内最关键的第一步，病原物已经从休眠状态转入生长状态，且又暴露于寄主体外，是其生活史中最薄弱的环节，有利于采取措施将其杀灭。

1. 侵入途径

病原物必须通过一定的途径进入植物体内，才能进一步发展而引起病害。各种病原物的侵入途径概括起来主要有伤口（如机械伤、虫伤、冻伤、自然裂缝、人为创伤）侵入、自然孔口（气孔、水孔、皮孔、腺体、花柱）侵入和直接侵入。各种病原物都有一定的侵入途径。病毒只从伤口侵入；细菌可以从伤口和自然孔口侵入；大部分真菌可从伤口和自然孔口侵入，少数真菌、线虫、寄生性植物可从表皮直接侵入。

病原物的侵入途径与其寄生性有关，一般从伤口侵入的病原物其寄生性较弱，寄生性较强的病原物可从自然孔口，甚至可从表皮直接侵入寄主细胞或组织内。真菌大多数是以孢子萌发后形成的芽管或菌丝侵入寄主细胞或组织的。

2. 影响侵入的环境条件

影响侵入的环境条件主要是温度、湿度。它既影响病原物也影响寄主植物。

湿度对真菌和细菌等病原物的影响最大。湿度影响孢子能否萌发和侵入，绝大多数气流传播的真菌病害，其孢子萌发率随湿度增加而增大，在水滴（膜）中萌发率最高。如真菌的游动孢子和细菌只有在水中才能游动和侵入；只有白粉菌是个例外，它的孢子在湿度较低的条件下萌发率高，在水滴中萌发率反而很低。

另外，在高湿度下，寄主愈伤组织形成缓慢，气孔开张度大，水孔泌水多而持久，保护组织柔软，寄主植物的抗侵入能力大为降低。

温度则影响孢子萌发和侵入的速度。真菌孢子在适温条件下萌发只需几小时的时间。如马铃薯晚疫病菌孢子囊在12～13℃的适宜温度下，萌发仅需1小时，而在20℃以上时需时5

~8 小时。又如葡萄霜霉病菌孢子囊在 20~24℃萌发需 1 小时，在 28℃和 4℃下分别为 6 小时和 12 小时。

应当指出，在植物的生长季节里，温度一般都能满足病原物侵入的需要，而湿度的变化则较大，常常成为病害发生的限制因素。因而也就不难理解为什么在潮湿多雨的气候条件下病害严重，而雨水少或干旱季节病害轻或不发生了；同样，适当的农业措施，如灌水适时适度、合理密植、合理修剪、适度打除底叶、改善通风透光条件、田间作业尽量避免植物机械损伤和注意伤口愈合等，对于减轻病害都十分有效。只有病毒病是个例外，它在干旱条件下发病严重，这是因为干旱有利于介体昆虫的发育和活动。此外，目前所使用的杀菌剂仍以保护性为主，必须在病原物侵入寄主之前，也就是少数植物的发病初期使用，才能收到比较理想的防效。

（三）潜育期

从病原物与寄主建立寄生关系开始到寄主表现症状为止这一段时期，称“潜育期”。

潜育期是病原物在植物体内进一步繁殖和扩展的时期，也是寄主植物调动各种抗病因素积极抵抗病原危害的时期。各种病害的潜育期长短不一，短的只有几天，长的可达一年。在潜育期，温度的影响比较大。病原物在其生长发育的最适温度范围内，潜育期最短，反之延长。

此外，潜育期的长短也与寄主植物的健康状况有着密切的关系。如苹果树腐烂病有潜伏侵染的现象，既外观无症的苹果枝条皮层内普遍潜伏有病菌。凡生长健壮，营养充足的果树，抗病力强，潜育期相应延长；而营养不良，树势衰弱的果树，潜育期短，发病快。所以，在潜育期采取有利于植物的措施如保证充足的营养、物理法铲除潜伏病菌或使用合适的化学治疗剂等也可以减轻病害的发生。

（四）发病期

指出现明显症状后病害进一步发展的阶段。

此时病原物开始产生大量繁殖体，加重危害或开始流行，所以病害的防治工作仍然不能放弃。病原真菌会在受害部位产生孢子，细菌会产生菌脓；孢子形成的迟早是不同的，如霜霉病、白粉病、锈病、黑粉病的孢子和症状几乎是同时出现的，但一些寄生性较弱的病原物繁殖体，往往在植物产生明显的症状后才出现。

另外，病原物的繁殖体的产生也需要适宜的温湿度，温度一般能够满足，在较高的湿度条件下，病部才会产生大量的孢子和菌脓。有时可利用这个特点对病症不明显的病害进行保湿以快速的诊断病害。

二、植物病害的侵染循环

侵染循环是指从前一个生长季节开始发病，到下一个生长季节再度发病的过程。

侵染循环一般包括以下几个环节：

（一）初侵染和再侵染

1. 概念

初侵染：越冬以后的病原物，在植物开始生长发育后进行的第一次侵染，称为初侵染。

再侵染：在同一个生长季节中，初侵染以后发生的各次侵染，称为再侵染。

单病程病害：在植物的一个生长季节中，只有一个侵染过程的病害，称单病程病害。

多病程病害：在植物的一个生长季节中，有多个侵染过程的病害，称“多病程病害”。

2. 特点

（1）植物病害的潜育期和再侵染有密切的关系。病害的潜育期短，再侵染的机会就多。环境条件有利于病害的发生而缩短了潜育期，就可以增加再侵染的次数。

（2）对于有再侵染的病害，除清除越冬病原物外，及时铲除发病中心，消灭再侵染源，是行之有效的防治措施。

（二）病原物的越冬（或越夏）

1. 何谓越冬和越夏

所谓病原物的越冬和越夏就是病原物度过寄主的休眠期和不良环境条件而后引起下一生长季节的初次侵染。病原物越冬越夏的场所，一般也就是初次侵染的来源。

在非生长季节（病害休止期），病原物如何保存它的生命力（存活），是病害循环中的一个重要环节。在越冬或越夏期间存在着低温或高温，干燥、田间无生长的作物等对病原物的生命活动不利的环境条件，因此，需要了解病原物以什么方式、在什么场所来抵御这些恶劣的环境条件。越冬、越夏期的防治是病防治工作的重要一环。

2. 越冬（或越夏）的方式

（1）寄生：有的病原物以寄生的方式在多年生植株内或在杂草寄主内或寄主的落地自生苗或介体昆虫内越冬或越夏。

（2）腐生：有的病原物可以在土壤或病残体中营腐生生活。如稻纹枯病菌。

（3）休眠：有的病原物是以形成抗逆力强的组织结构或休眠体（如休眠孢子、菌核、子囊等）来越冬越夏，有的则可以潜在植物体内休眠。

3. 越冬（或越夏）的场所

病原物的越冬或越夏的场所主要有：

（1）田间病株中：田间的多年生病株（林木、果树等），如桃缩叶病菌的孢子可潜伏在芽鳞上越冬。

寄主的落地自生苗、杂草寄主、野生寄主、转主寄主、保护地的病株等。

（2）种子、苗木或其他繁殖材料：有的病原物以它的休眠体和种子混杂在一起得以越冬或越夏（在粮库、种子库中）：如小麦线虫病的虫瘿、菟丝子的种子、麦角菌的菌核等，均可混杂在种子中进行越冬和越夏。有的病原物潜伏在种子的种胚内，如黑粉菌的冬孢子、禾生指梗霉的卵孢子等。

带菌种子、苗木或其他繁殖材料长成的植株，不但本身发病，而且是田间发病的中心，可以经过不断的再次侵染而感染其他植株。

（3）土壤中：土壤是病原物在植物体外越冬、越夏的主要场所，病原物的休眠体（菌核、子囊、卵孢子、黑粉菌的冬孢子）可以在土壤中存活一定的时期。

除了休眠体以外，病原物还可以以腐生的方式在土壤中存活。

（4）病株残体上：绝大部分的非专性寄生的真菌、细菌和一部分病毒都能在病株残体内存活一定的时间。

如稻瘟病菌可以菌丝体在稻草上存活较长时间，成为下一季度的初侵染来源。又如烟草花叶病毒（TMV）可在烟叶上存活 30 年之久。所以抽烟的人要用肥皂洗手后才能在烟草田间进行操作。

病原真菌在越冬病株残体上产生的分子孢子和子囊孢子，与第二年或第二季度植物病害的发生关系很大。因此，及时清理病株残体（田间卫生），可杀灭许多病原菌，减少初侵染来源，达到防治病害的目的。

（5）粪肥上：病原物可随同病株残体混入粪肥中，粪肥未经腐熟的，病原物即可保持其生活力，并随粪肥带到田里作为病原物和初侵染来源。

（6）昆虫中：有些真菌和细菌可在其上越冬、越夏。病原物越冬期间处于休眠状态，是其侵染循环中最薄弱的环节，潜育场所比较固定集中，查明病原物的越冬场所加以控制或消灭，是防治植物病害争取主动的有力措施。

（三）病原物的传播

植物病害的传播途径有：

1. 主动传播

如担子菌中的一些伞菌靠体内的刚毛把孢子弹向四周，进行传播，这种借助自身力量进行传播的方式称为“主动传播”。

2. 被动传播

借助外物力量进行传播的方式称为被动传播。

①气流（风）传播；②雨水传播；③昆虫传播；④人为传播（范围最广、传播速度最快的一种）。

病原物的传播是侵染循环各个环节联系的纽带。借助于传播，植物病害得以扩展蔓延和流行。了解病害的传播途径和条件，设法杜绝传播，可以中断侵染循环，控制病害的发生与流行。

三、植物病害的流行

（一）植物病害流行的概念

植物病害的发生发展，受许多因素的综合影响，各种因素有利于病害发生和发展，就会导致病害在发生。病害普遍而严重发生称为病害流行。

（二）影响病害流行的因素

（1）寄生物种植感病的品种，是病害流行的先决条件。

（2）病原物是病害流行的又一基本条件。

（3）环境条件与病害流行有较大关系的环境条件是温度、湿度和雨水。

（4）栽培管理耕作制度的改变，就改变了农业生态系统中各因素的相互关系，往往会影响病害的流行。

（三）病害流行的类型和变化

1. 病害流行的类型

（1）积年流行病这类病害只有初侵染，没有再侵染，或虽有再侵染，但在当年病害发生的过程中所起的作用不大。

（2）单年流行病这类病害有多次再侵染，在一个生长季节中病害就可以由轻到重达到流行程度。

2. 病害流行的变化

（1）季节变化：季节变化是病害在一个生长季节中的消长变化。

（2）年份变化：年份变化是指一种病害在不同年份发生程度的变化。

（四）病害的监测和预报

病害预测预报的依据，主要是根据病害发生和流行的规律。

（1）长期预报是指在较长时期之前对病害发生进行预报。

（2）短期预报是在病害发生前不久或病害发生的初期对短期内病害可能发生的趋势和程度做出预报。

第三章　鼠害识别

农业鼠害是指鼠类对农业生产造成的为害。鼠类属哺乳纲啮齿目动物。共有1600多种。鼠类繁殖次数多，孕期短，产仔率高，性成熟快，数量能在短期内急剧增加。它的适应性很强，除南极大陆外，在世界各地的地面、地下、树上，水中都能生存，不论平原、高山、森林、草原以至沙漠地区都有其踪迹，常对农业生产酿成巨大灾害。

一、鼠类的形态特征

鼠类属啮齿目动物，其生理结构突出特点是门齿特化，适于咬啮。上下颚只有一对锐利的且无齿根能终生生长的门齿。另一对门齿、犬齿和前臼齿缺如，形成齿缝。鼠类的生长发育很快（4.5只/年/雌）。

二、鼠类的感觉

鼠类的感觉器官非常发达，因而行程相当独特。

图3-39

（一）嗅觉

鼠类的嗅觉非常发达，利用敏锐的嗅觉去找寻食物、求偶，并进行个体间的联系，包括识别熟悉的和陌生的个体。在鼠类经常活动的线路上会留下尿和生殖道的分泌物，鼠类就沿着这些有特殊气味的路线活动，形成光滑的鼠道。利用鼠类这一弱点，在鼠道上投放毒饵和捕鼠器，可以收到很好的效果。

（二）视觉

鼠类有色盲，视力很差，但对光线强度的变化相当敏感，能在黑暗中发现运动的目标和简单的图像，辨别 10 米以内的目标，正确估计 1 米以内的深度，在跳跃时不致失足。

（三）味觉

鼠类的味觉很敏锐。据实验，大白鼠和野生的褐家鼠都能辨别食饵中所含的微量化合物。例如，2PPM 的雌性激素、3PPM 的苯磺脲。有时甚至拒食只含有极低浓度（250ppb）不纯的杀鼠灵毒饵或霉菌污染的粮食。鼠类锐利的味觉给毒饵灭鼠带来很大的困难，因此，配制毒饵的粮食必须新鲜干净，灭鼠剂的含量要准确、均匀，否则容易引起拒食达不到预期的目的。

（四）听觉

鼠类的听觉非常发达，能在黑暗中判断声音来源的方向，并能觉察 45 千周的超声波。鼠类本身也能发出超声波，幼鼠睁眼前就靠发出的超声波和回音回巢。

（五）触觉

鼠类有非常发达的触觉，在黑暗中凭借它在鼠道上奔跑。触须和体表的刚毛和地面、墙基及物体接触起到定位的作用，指导活动。在黑暗复杂的环境中不断重复的利用刚毛、触须的感觉活动形成一条熟悉的跑道。鼠类的这种行为称为“趣触性”。

三、鼠类的生态行为

（一）活动周期

鼠类主要的夜间活动，黄昏后和黎明前有 2 个活动觅食高峰。这种活动的周期性会受种群数量变动的影响。密度或食物、水源短缺时，会迫使体弱和处于从属地位的个体白天活动。

（二）惊疑性

鼠类对不良的经历会在随后的行为上表现出来。不良的经历主要有恶味、痛苦的症状、受伤等。鼠类会回避这种引起不良经历的物体，如毒饵和捕鼠器，以及发生的场所，这数月之久。这种行为给鼠类的防治带来很大的困难。

（三）新物反应

老鼠对环境中新出现的物体有恐惧回避的行为。这种行为在人很少干扰的环境中表现尤为明显，给鼠害的防治造成很大的困难。小家鼠没有这种新物反应行为，喜欢接近新发现的目标，故容易捕鼠器所捕杀。

（四）栖息地

老鼠喜栖息于温度稳定、潮湿的地方，在华北、西北和东北等干旱的地区尤其如此。鼠洞多挖掘在层基周围、垃圾堆、道路两旁的路面下。地下室、墙基、下水道、船坞、港口码头以及沿河岸的冲积地也是褐家鼠喜欢的栖息地。小家鼠喜栖息于干燥离食源近的场所。由于体形小，常在墙基、仓库货堆中和保温层内打洞或在破箱、抽屉中筑巢。筑巢材料多为破布、纸屑等废物。

（五）记忆力

鼠类很敏锐的记忆力，能察觉环境的改变、新物体的出现和旧物体的消失，这种记忆力和新物反应行为使鼠类能在不利的环境中生存。所有的鼠类都有定型行为，例如，摄食行为、鼠道、隐蔽场所和活动周期等。这些都是灭鼠时可以利用的鼠类的弱点。

（六）探索行为

鼠类有强烈的探索行为和好奇性，经常不断地在其活动的范围内奔跑，探索了解环境中所有的物体、食源、水源、隐蔽场所、地形、鼠道、鼠洞、临时躲藏场所等情况。这些情况的了解对鼠类的生存至关重要。

（七）摄食行为

鼠类在探索环境的同时，也尝试环境中新、旧的食物。开始尝试时取食的量很少，每次尝试时间的间隔较长。随后取食量渐渐增加，间隔时间也不断缩短。鼠类的这种摄食行为是长期演化的结果。起着保护性作用。防止由于摄食的不当引起中毒。鼠类的这种摄食行为对毒饵灭鼠，特别是烈性灭鼠剂毒饵的灭鼠造成很大的困难。鼠类摄食行为的另一种表现是搬掩食物。老鼠一天可以搬掩1~2千克食物隐蔽在洞内或其他隐蔽的场所。灭鼠毒饵最好用粉状的，不要用块状毒饵，以防止鼠类拖走。

四、鼠类的活动能力

（一）打洞

老鼠是善于打洞的动物，只要遇到泥土它即掘土打洞营巢。在松软的土壤中挖掘的洞道可长达180~300厘米，但窝巢的深度很少超过50厘米。

（二）攀登

老鼠善于攀登。鼠类经常攀登砖墙和其他的粗糙面，利用建筑物之间的电线和管道做通道。

（三）跳跃

老鼠一般都能垂直跳过60厘米，小家鼠能跳高30厘米。

（四）咬啮

鼠类有一对非常坚硬锐利的门齿，其硬度为莫氏5.5级。大部分的建筑材料，如木材、铝板、铅管等，都能遭到鼠类的破坏。

（五）游水和潜水

老鼠都善于游水，其中褐家鼠的水性最好。褐家鼠可以被视为一种半水生的动物，喜生活在河岸、溪流边，沼泽地带、下水系统和水稻田中。在35℃的水中能漂浮60~72小时。潜入水中时间可达30秒。常可通过抽水马桶潜入建筑物内。

五、鼠类的食性

鼠类开始尝试时取食量很少，每次尝试时间间隔较长，随后取食量渐渐增加，间隔时间也不断缩短，以起保护性作用，防止摄食不当引起中毒，从而为毒饵灭鼠尤其是烈性毒饵造成很大困难。

六、鼠类的危害

鼠类为害主要表现在以下三个方面：

（一）农业上

鼠类为杂食性动物，农作物从种到收全过程中和农产品贮存过程中都可能遭受其害。多在晨昏活动。有的专吃种子和青苗，如大家鼠、社鼠、黄毛鼠、小家鼠、黑线仓鼠和大仓鼠等；有的以植物的根、茎为食，如鼢鼠和鼹形田鼠等；有些鼠类喜食粮油作物种子；如小家鼠、黑线姬鼠和黄胸鼠等。世界各地的农业鼠害造成的损失，其价值相当于世界谷物的20%左右。

（二）林业上

主要是食害树种；啃咬成树、幼树苗，伤害苗木的根系，从而影响固沙植树、森林更新和绿化环境。林业上的主要害鼠有红背鼠、棕背鼠、花鼠、松鼠和林姬鼠等。

（三）牧业上

主要是大量啃食牧草，造成草场退化、载畜量下降、草场面积缩小。沙质土壤地区常因植被被鼠类破坏造成土壤沙化；鼠类的挖掘活动还会加速土壤风蚀，严重影响牧业的发展和草原建设的进行。牧业上的害鼠主要有黄兔尾鼠、达乌尔黄鼠、旱獭、黑唇鼠兔、布氏田鼠和鼹形田鼠等。

此外，鼠类还是流行性传染病的潜在宿主，直接威胁着畜牧业的安全。鼠类有终生生长的门齿，具有很强的咬切力，它们也能对农业建筑物和一些农田水利设施造成很大危害。

第四章　软体动物蜗牛、蛞蝓的识别

一、蜗牛

在我国菜地常见的蜗牛主要有灰巴蜗牛和同型巴蜗牛两种。蜗牛属软体动物门腹足纲，全国各地均有分布，其中南方及沿海潮湿地区发生较多。主要危害甘蓝、花椰菜、白菜、萝卜等十字花科蔬菜，以及豆科和茄科蔬菜，此外还危害粮、棉、麻、薯类、桑、果树和多种杂草，严重时造成缺苗断垄。

（一）形态特征

1. 同型巴蜗牛

蜗壳扁球形，高约 12 毫米，宽约 16 毫米，有 5~6 层螺纹，壳质较硬，黄褐色或红褐色。螺壳的螺旋部低矮，蜗层较宽大，周缘中部常有 1 条暗褐色带。壳口马蹄形，脐孔圆孔状。壳内身体柔软，头部发达，有 2 对可翻转缩入的触角，前触角较短小，有嗅觉功能，后触角较长大，顶端有眼。身体两侧有左右对称足。

2. 灰巴蜗牛

蜗壳比同型巴蜗牛高大，近圆球形，高约 19 毫米，宽约 21 毫米，黄褐色或琥珀色，壳顶尖。壳口椭圆形，脐孔缝状。

（二）发生特点

图 3-40

1 年发生 1 代，两种蜗牛常混合发生。以成贝及幼贝在菜田、绿肥田、灌木丛及作物根部、草堆石块下、土缝缝隙或疏松田埂处的 2~4 厘米土中及房屋前后等潮湿阴暗处越冬，壳口有白膜封闭。成贝、幼贝在翌年气温回升到 10℃ 以上时开始活动。雌雄同体，异体受精，也可同体受精繁殖。年生活周期有两种类型，但大多数在春季4~5月份间交配产卵，也有秋季产卵型，即在8~9月间交配产卵。卵多产在植物根部附近2~4厘米深疏松、湿润的土中，以及枯叶石块下。每一成体可产卵30~235粒，卵期14~31天。卵脆，在阳光下易破裂。初孵幼螺只取食叶肉，留下表皮，爬行时留下黏液痕迹。幼螺历期6~7个月，成螺历期5~10个月，完成一个世代1.5年。夜出性，白天常潜伏在落叶、花盆、土块、砖头下或土缝中，但雨天昼夜都可活动取食。在夏季干旱季节，当气温超过35℃时便隐蔽起来，不食不动，壳口有白膜封闭。7~8月旱季过后又大量活动，11月下旬当气温下降至10℃以下时进入越冬状态。在北方春季活动期推迟一个月，冬眠则提早一个月。秋季产卵型均以幼螺越冬，春季继续生长，秋季成螺交尾产卵。蜗牛喜温暖、阴湿环境，一般在4~5月和9~10月多雨年份危害严重。

二、蛞蝓

蛞蝓，别名鼻涕虫、游蜒虫，属软体动物门腹足纲柄眼目蛞蝓科。主要分布在我国中南部及长江流域地区，危害蔬菜、草莓、果树、花卉等多种植物。

（一）形态特征

1. 成虫

长梭形，柔软，光滑而无外壳，体表暗黑色或暗灰色，黄白色或灰红色。有的有不明显暗带或斑点。爬行时体长可达30毫米以上，腹面具爬行足，爬过的地方留有白色具有光亮的黏液。触角2对，位于

图3-41

头前端，能伸缩，其中短的一对为前触角，有感觉作用，长的一对为后触角，端部有眼。生殖孔在右侧前触角基部后方约3毫米处。呼吸孔在体右侧前方，其上有细小的色线环绕。口腔内有角质齿舌，体背前具外套膜，为体长的1/3，边缘卷起，其内有退化的贝壳（即盾板），上有明显同心圆线，即生长线。同心圆线中心在外套膜后端偏右。

2. 卵

椭圆形，韧而富有弹性，直径约2.5毫米，白色透明，近孵化时色变深。

3. 若虫

初孵幼虫体长2~3毫米，淡褐色似成虫。

（二）发生特点

野蛞蝓以成体或幼体在作物根部湿土下越冬。5~7月间在田间大量危害，入夏气温升高，活动减弱，秋季气温凉爽后又活动危害。完成一个世代约250天，5~7月产卵，卵期16~17天，从孵化到成贝性成熟约55天，成贝产卵期可长达160天。野蛞蝓雌雄同体，异体受精，亦可同体受精繁殖。卵产于湿度大，有隐蔽的土缝中，每隔1~2天产1次，约1~32粒。每处产卵10粒左右，平均产卵量为400余粒。野蛞蝓怕光，强日照下2~3小时即死亡，喜在黄昏后或阴天外出寻食，晚上10~11时达高峰，清晨之前又陆续潜入土中或隐蔽处，耐饥力强。阴暗潮湿的环境易于大发生，当气温11.5~18.5℃土壤含水量为70%~80%时对其生长发育最为有利。

第五章　杂草的识别

农田杂草是生长在农田、危害作物的，非人工有意识栽培的野生草本植物。这不仅指通常人们所说的草，也指生长在栽培作物田中非人们有意识栽培的其他作物，例如，在大豆田中生长的小麦或玉米。

农田杂草是一类特殊的植物，它既不同于自然植被的植物，也不同于栽培作物；它既有野生植物的特性，又有栽培作物的某些习性。例如，稻田中的稗草，能够大量结实，自动脱粒性、再生性及抗逆性均很强，这是它所保持的野生植物特性；但另一方面，由于它长期与水稻共生，因而发芽、出苗时期及特性又与水稻近似，而且由于水稻栽培类型的不同，在生态类型中也形成了早、中、晚稗类型。

农田杂草种类很多，形态习性各异，面对如此繁杂的杂草，要对它们进行研究和防除，必须认识杂草。

一、根据生物学习性分类

（一）一年生杂草

指在一年内完成生活史的杂草，一般在春、夏季发芽出苗，到夏、秋季开花、结果之后死亡。这类杂草都用种子繁殖，幼苗不能越冬。它们是农田杂草的主要类群。如稗草、狗尾草、苍耳、龙葵等。一年生杂草由于萌发时期不同，又可分为：

早春性杂草　在气温和地温较低条件下，一般在4月下旬至5月上旬，气温5～10℃即可发芽出土。如小叶藜、萹蓄、蒿、苋等。

晚春杂草　一般在5月中旬至6月上旬，气温在10～15℃开始发芽，是农田中最主要的杂草，如稗、马唐、鸭跖草、狗尾草、苍耳等。

（二）越年生或二年生杂草

此类杂草需要两个年度才能完成其生育期，一般在夏、秋季发芽，以幼苗或根芽越冬，次年夏、秋季开花，结实后死亡。依靠种子繁殖，如飞廉、益母草、黄花蒿、荠菜等。

（三）多年生杂草

可连续生存三年以上，一生中能多次开花、结实；通常第一年只生长不结实，第二年起结实。北方的种类冬季地上部分枯死，依靠地下营养器官越冬，次年又长出新的植株，所以，多年生杂草不仅依靠种子繁殖，还能利用地下营养器官进行营养繁殖；营养繁殖甚至是更主要的繁殖方式。依靠营养繁殖特性的不同，多年生杂草又分为以下几个类型：

1. 根茎杂草

地下茎上有节，节上的叶退化，在适宜的条件下每个节生一个或数个芽，从而形成新枝。凡是有节的根茎的断段，都可以长成新的植株并进行繁殖，如芦苇、狗牙根、两栖蓼等。

2. 根芽杂草

此类杂草有大量分枝和入土较深的根系，根上着生大量芽，由芽生出新的萌芽枝，而在直根中则积累大量营养物质供根芽出土所需。任何根的断段均易产生不定芽，如苣荬菜、苦苣菜、田蓟、田旋花等。

3. 直根杂草

此类杂草既有主根，又有很多小侧根，主根入土很深，其下段很小或完全不分枝，在根颈处生出大量的芽，这些芽一露出地面便形成强大的株丛，而由一小段根也可成为新株，这类杂草多以种子繁殖为主，如车前、羊蹄、蒲公英等。

4. 球茎杂草

在土壤中形成球茎，并靠球茎进行繁殖，如香附子，其种子繁殖能力弱小，主要靠地下茎繁殖，地下茎膨大，呈圆球状，长1~3㎝，球茎长出吸收根和地下茎，地下茎延伸一定长度后，顶端又膨大并发育成新的球茎，在新的球茎上又长出新株，因而繁殖速度快。

5. 鳞茎杂草

在土壤中形成鳞茎，到生育的第三年鳞茎便成为主要繁殖器官，如野蒜。

（四）寄生杂草

不能进行或不能独立进行光合作用，制造养分的杂草，必须寄生在别的植物上，靠特殊的吸收器官吸取寄主的养分而生活。如菟丝子、向日葵列当等。

二、根据生物学特性分类

（一）异养型杂草

以其他植物为寄主，杂草已部分或全部失去光合作用自我合成有机养料的能力，而营寄生或半寄生的生活，如菟丝子、列当等。

（二）自养型杂草

杂草可进行光合作用，合成自身生命活动所需的养料，根据生活史长短又可再分为多年生、二年生和一年生杂草。

1. 多年生杂草

营养繁殖能力较发达是多年生杂草的重要特点，依据其营养繁殖方式又可以分以下三种类型：

（1）地下根繁殖型：如苣荬菜、大蓟和田旋花等

（2）地下茎繁殖型：如白茅、芦苇、狗牙根、牛毛草、眼子菜、矮慈姑等。

（3）地上茎繁殖型：如鳞茎繁殖的小根蒜，匍匐茎繁殖的空心莲子草、双穗雀稗，块茎繁殖的香附子、水莎草等。

很多多年生杂草主要以营养器官进行无性繁殖，但也可在一定程度上进行种子繁殖，如水莎草虽主要靠块茎繁殖，但在秋天也能开花结实，产生种子。

2. 二年生杂草

此类杂草需在两年内完成其整个生活史，如草木樨、小飞蓬等在当年秋季萌发至翌年秋季开花结籽，种子至再次年的秋季方可萌发。

3. 一年生杂草

此类杂草可在一年内完成其从种子到种子生活史，根据其生活史特点分为以下三种类型：

（1）越冬型或称冬季一年生杂草，于秋、冬季萌发，至春、夏季开花结果而完成一个生活周期，如看麦娘、碎米荠和婆婆纳等。

（2）越夏型或称夏季一年生杂草，于春、夏间萌发，至

秋天开花结实而死亡，如稗草、马唐、藜和苋等。

（3）短生活史型可在 1~2 个月的很短期间完成萌发、生长和繁殖的整个生活史，如上海地区的春蓼和小藜在 3 月上旬出苗至 5 月即可开花结籽而死亡。这种类型常为杂草对不适环境的一种特殊适应。

三、根据杂草防除需要分类

杂草对不同的除草剂表现出敏感性的差异，这种差异性是除草剂选择性的生理基础，也是在除草时选择不同除草剂防除不同杂草的依据，这种分类方法具有重要的实践意义，它打破了植物学的分类方法，是从生产的实践情况予以分类的。

（一）禾本科杂草

这类杂草多数以种子繁殖，胚有一个子叶、叶形狭窄，茎秆圆筒形，有节，节间中空，平行脉，叶子竖立无叶柄，生长点不外露，须根系，如稗草、狗尾草等。

（二）双子叶或阔叶杂草

此类杂草有 2 片子叶，生长点裸露，叶形较宽。叶子着生角度大，网状脉，有叶柄，直根系。如苍耳、藜、苋等。双子叶杂草又可分为大粒和小粒两种，大粒双子叶杂草种子直径超过 2mm，发芽深度可达 5cm，小粒双子叶杂草种子直径<2mm，一般在 0~2cm 土层发芽。

（三）莎草科杂草

此类杂草也是单子叶，但茎为三棱形，个别圆柱形，无节，通常实心，叶片狭长而尖锐，竖立生长，平行叶脉，叶鞘闭合成管状。如异型莎草、牛毛草等。

四、根据生态学特性分类

根据农田环境中水分含量的不同，可分为旱田杂草和水田杂草。从生态学观点看，旱田杂草绝大多数都是中生类型的杂草；水田杂草则可再分为：

（一）湿生型杂草

喜生长于水分饱和的土壤，也能生长在旱田，长期淹水对幼苗生长不利，甚至死亡，如稗、灯芯草等，是稻田的主要杂草，危害严重。

（二）沼生型杂草

根及植物体的下部浸泡在水层下，植物体的上部挺出水面，缺乏水层时生长不良，甚至死亡，如鸭舌草、荆三棱、香蒲等，也是稻田的主要杂草，危害严重。

（三）沉水型杂草

植物体全部沉没在水中，根生于水底土中或仅有不定根生长于水中，如金鱼藻、菹草、小茨藻等，是低洼积水田中常见的危害较重的杂草。沉水型杂草中有的是绿色的低等植物，如轮藻、水绵等，特称为藻类型杂草。

（四）浮水型杂草

植物体或叶漂浮于水面或部分沉没于水中，根不入土或入土，如浮萍、眼子菜等。此类杂草布满水面时，除吸收养分外，还会降低水温和地温，影响作物生长和减产。

五、按生态型分类

根据杂草对其生长环境水分及热量的要求，可以分为以下几种类型：

（一）水分

（1）水生杂草或称“喜水杂草”，主要是为害水田作物的杂草，根据其在水中的状态又可细分为以下几种：①沉水杂草如金鱼藻、虾藻、苦草和矮慈姑；②浮水杂草如眼子菜、紫背浮萍、青萍、绿萍和槐叶萍等；③挺水杂草如水莎草、野慈姑和芦苇等。

（2）湿性杂草又称“喜湿杂草”，主要生长在地势低、湿度高的田内，在浸水田或旱田内均无法生长或生长不良，如石龙芮、异型莎草、鳢肠、看麦娘和千金子等；

（3）旱生杂草包括耐旱杂草和喜旱杂草，主要为害棉花、大豆、玉米等旱作作物，如马唐、马齿苋、香附子、猪殃殃、婆婆纳和大巢菜等。

（二）热量

（1）喜热杂草：生长在热带或发生于夏天的杂草，如龙爪茅、两耳草、害羞草、马齿苋和牛筋草等。

（2）喜温杂草：生长在温带或发生于春、秋季节的杂草，如小藜、藜和狗尾草等。

（3）耐寒杂草：生长在高寒地区的杂草，如野燕麦、冬寒菜和鼬瓣花等。

第二篇　农业有害生物防治原理和技术措施

“预防为主，综合防治”是我国植物保护工作的方针。为了确保农业生产的持续发展和充分发挥植物的三大效益（社会、生态、经济)，必须同病虫害做斗争，这是植物保护工作的重要任务。因此，防治植物病虫害是不可缺少的环节之一。防治植物病虫害必须了解其病虫发生发展规律和生活习性，才能抓住最有利的时期，采取各种防治病虫害的有效措施，达到保护植物正常的生长发育，从而获得高质量的农产品。本章主要介绍防治的一般原理及各措施之间的综合应用。

植物病虫害防治方法很多，但把这些方法概括起来，从性质上看不外有五个方面，即植物检疫、农业技术措施、生物防治法、化学防治法和物理机械防治法。各地只要根据具体条件，掌握经济、简便、安全、有效的原则，正确运用这些方法，就能真正发挥综合防治的作用。

第一章　植物检疫

植物检疫又称为法规防治，指一个国家或地区用法律或法规形式，禁止某些危险性的病虫、杂草人为地传入或传出或对已发生及传入的危险性病虫、杂草，采取有效措施消灭或控制蔓延。植物检疫与其他防治技术具有明显不同。首先，植物检疫具有法律的强制性，任何集体和个人不得违规。其次，植物检疫具有宏观战略性，不计局部地区当时的利益得失，而主要考虑全局长远利益。第三，植物检疫防治策略是对有害生物进行全面的种群控制，即采取一切必要措施，防止危险性有害生物进入或将其控制在一定范围内或将其彻底消灭。所以，植物检疫是一项最根本性的预防措施，是植物保护的一项主要手段。

一、植物检疫的重要性

植物检疫对保证农业生产安全具有重要的意义，是搞好植物害虫综合治理的前提。病虫害的分布具有明显的区域性，各地发生的病虫害种类不尽相同，但能扩大其分布范围。某一种虫害或病害在其原发地，往往由于天敌的制约、植物的抗性和长期积累起来的防治经验等原因不至于造成严重的经济损失，但当某些危险性的病、虫、杂草传入新的区域以后，由于缺乏上述控制因素，有可能生存下来，以至蔓延为害，对当地的农业生产构成严重的威胁。这种作用有的能在短期内表现出来，有的则需要经过一段较长的时间才能表现出来。

在国外，自烟草霜霉病 20 世纪 60 年代在法国被发现后，两年内就传遍欧洲，三年后在亚洲和非洲造成几十万吨烟草的损失。我国农业生产上的一些重要病虫害也是由境外传入的。例如，引起甘薯黑斑病、棉花枯萎病的病原菌，在中华人民共和国成立前，分别由日本和美国传入我国。蚕豆象是在抗日战争期间随日本军队的马料传入我国的。近年来，随着扩大开放，人员与物资交流日趋频繁，加之检疫法规不够健全，检疫手段不够先进，像美国白蛾、稻水象甲、麦双尾蚜、美洲斑潜蝇、松突圆蚧、松材线虫、谷斑皮囊、小麦矮腥黑穗病、马铃薯金线虫、烟草霜霉病等一些危险的检疫对象分别由境外传入我国，成为威胁我国农业、林业、果树和蔬菜生产的危险性害虫。因此，为了保证农业生产，实行国内外检疫，防止危险性病虫的传播是十分必要的。

二、植物检疫的目的、任务

（一）植物检疫的目的

是防止危险性病、虫、杂草在地区或国家间传播蔓延，以确保农业生产。

（二）任务

是禁止危险性病、虫、杂草随着农作物及其产品由国外输入或由国内输出；将在局部地区发生的危险性病、虫、杂草，封锁在一定范围内，不使传播扩大；当危险性病、虫、杂草已传入新区时，采取紧急措施，就地彻底肃清。

三、植物检疫措施

（一）对外检疫和对内检疫

植物检疫依据进出境的性质，可分为国家间货物流动的对外检疫（口岸检疫）和对国内地区间实施的对内检疫。对外检疫的任务是防止国外的危险性病虫传入，以及按交往国的要求控制国内发生的病虫向外传播，是国家在对外港口、国际机场及国际交通要道设立检疫机构，对物品进行检疫。对内检疫的任务在于将国内局部地区发生的危险性病虫封锁在一定范围内，防止其扩散蔓延，是由各省、市、自治区等检疫机构，会同交通运输、邮电、供销及其他有关部门根据检疫条例，对所调运的物品进行检验和处理。

虽然两者的偏重有所不同，但实施内容基本一致，主要有检疫对象的确定、疫区和非疫区的划分、植物及植物产品的检验与检测、疫情的处理。

（二）确定检疫对象

根据国际植物保护公约（1979）的定义，检疫性有害生物是指一个受威胁国家目前尚未分布，或虽然有分布但分布不广，对该国具有经济重要性的有害生物。根据这个定义，确定植物检疫对象的一般原则如下：

（1）必须是我国尚未发生或局部发生的主要植物的病虫害。

（2）必须是严重影响植物的生长和价值，而防治又是比较困难的病虫害。

（3）必须是容易随同植物材料、种子、苗木和所附泥土以及包装材料等传播的病虫害。

我国农业部于1995年发布了全国植物检疫对象和应施检疫的植物、植物产品名单，农业部于1996年发布了森林植物检疫对象和应施检疫的森林植物及其产品名单，其中许多病虫与植物有关。

（三）划分疫区和非疫区（保护区）

疫区是指由官方划定、发现有检疫性病虫害危害并由官方控制的地区。而保护区则是指有科学证据证明未发现某种检疫性病虫害，并由官方维持的地区。疫区和保护区主要根据调查和信息资料，依据危险性病虫的分布和适生区进行划分，并经官方认定，由政府宣布。对疫区应严加控制，禁止检疫对象传出，并采取积极措施，加以消灭。对非疫区要严防检疫对象的传入，充分做好预防工作。

（四）植物及植物产品的检验与检测

植物检疫检验一般包括产地检验、关卡检验和隔离场圃检验等。

产地检验是指在调运植物产品的生产基地实施的检验。对于关卡检验较难检测的检疫对象常采用此法。产地检验一般是在危险性病虫高发流行期前往生产基地，实地调查应检危险性病虫及其危害情况，考查其发生历史和防治状况，通过综合分析做出决定。对于田间现场检测未发现检疫对象的即可签发产地检疫证书；对于发现检疫对象的则必须经过有效的处理后，方可签发产地检疫证书；对于难以进行处理的，则应停止调运并控制使用。

关卡检验是指货物进出境或过境时对调运或携带物品实施的检验，包括货物进出国境和国内地区间货物调运时的检验。关卡检验的实施通常包括现场直接检测和取样后的实验室检测。

隔离场圃检验是指对有可能潜伏有危险性病虫的种苗实施的检验。对可能有危险性病虫的种苗，按审批机关确认的地点和措施进行隔离试种，一年生植物必须隔离试种一个生长周期，多年生植物至少两年以上，经省、自治区、直辖市植物检疫机构检疫，证明确实不带有危险性病虫的，方可分散种植。

（五）疫情处理

疫情处理所采用的措施依情况而定。一般在产地隔离场圃发现有检疫性病虫，常由官方划定疫区，实施隔离和根除扑灭等控制措施。关卡检验发现检疫性病虫时，则通常采用退回或销毁货物、除害处理和异地转运等检疫措施。

除害处理是植物检疫处理常用的方法，主要有机械处理、温热处理、微波或射线处理等物理方法和药物熏蒸、浸泡或喷洒处理等化学方法。所采用的处理措施必须能彻底消灭危险性病虫和完全阻止危险性病虫的传播和扩展，且安全可靠、不造成中毒事故、无残留、不污染环境等。

第二章　农业技术防治

农业技术防治是利用农业栽培技术来防治病虫害的方法，即创造有利于植物和花卉生长发育而不利于病虫害危害的条件，促使植物生长健壮，增强其抵抗病虫害危害的能力，是病虫害综合治理的基础。农业技术防治的优点是：防治措施结合在农业栽培过程中完成，不需要另外增加劳动力，因此，可以降低劳动力成本，增加经济效益。其缺点是：见效慢，不能在短时间内控制暴发性发生的病虫害。农业技术防治措施主要有：

一、选用无病虫种苗及繁殖材料

在选用种苗时，尽量选用无虫害、生长健壮的种苗，以减少病虫害危害。如果选用的种苗中带有某些病虫，要用药剂预先进行处理，如桂花上的矢尖蚧，可以在种植前，先将有虫苗木浸入氧化乐果或甲胺磷500倍稀释液中5~10分钟，然后再种。当前世界上已经培育出多种抗病虫新品种，如菊花、香石竹、金鱼草等抗锈病品种，抗紫菀萎蔫病的翠菊品种，抗菊花叶线虫病的菊花品种等。

二、苗圃地的选择及处理

一般应选择土质疏松、排水透气性好、腐殖质多的地段作为苗圃地。在栽植前进行深耕改土，耕翻后经过曝晒、土壤消毒后，可杀灭部分病虫害。消毒剂一般可用50倍的甲醛稀释液，均匀洒布在土壤内，再用塑料薄膜覆盖，约2周后取走覆盖物，将土壤翻动耙松后进行播种或移植。用硫酸亚铁消毒，可在播种或扦插前以2%~3%硫酸亚铁水溶液浇盆土或床土，可有效抑制幼苗猝倒病的发生。

三、采用合理的栽培措施

根据苗木的生长特点，在圃地内考虑合理轮作、合理密植以及合理配置花木等原则。从而避免或减轻某些病虫害的发生，增强苗木的抗病虫性能。有些花木种植过密，易引起某些病虫害的大发生，在花木的配置方面，除考虑观赏水平及经济效益外，还应避免种植病虫的中间寄主植物（桥梁寄主）。露根栽植落叶树时，栽前必须适度修剪，根部不能暴露时间过长；栽植常绿树时，须带土球，土球不能散，不能晾晒时间过长，栽植深浅适度，是防治多种病虫害的关键措施。

四、合理配施肥料

（一）有机肥与无机肥配施

有机肥如猪粪、鸡粪、人粪尿等，可改善土壤的理化性状，使土壤疏松，透气性良好。无机肥如各种化肥，其优点是见效快，但长期使用对土壤的物理性状会产生不良影响，故两者以兼施为宜。

（二）大量元素与微量元素配施

氮、磷、钾是化肥中的三种主要元素，植物对其需要最多，称为大量元素；其他元素如钙、镁、铁、锰、锌等，则称为微量元素。在施肥时，强调大量元素与微量元素配合施用。在大量元素中，强调氮、磷、钾配合施用，避免偏施氮肥，造成花木的徒长，降低其抗病虫性。微量元素施用时也应均衡，如在花木生长期缺少某些微量元素，则可造成花、叶等器官的畸形、变色，降低观赏价值。

（三）施用充分腐熟的有机肥

在施用有机肥时，强调施用充分腐熟的有机肥，原因是未腐熟的有机肥中往往带有大量的虫卵，容易引起地下害虫的暴发危害。

五、合理浇水

花木在灌溉中，浇水的方法、浇水量及时间等，都会影响病虫害的发生。喷灌和“滋”水等方式往往加重叶部病害的发生，最好采用沟灌、滴灌或沿盆钵边缘浇水。浇水要适量，水分过大往往引起植物根部缺氧窒息，轻者植物生长不良，重则引起根部腐烂，尤其是肉质根等器官。浇水时间最好选择晴天的上午，以便及时降低叶片表面的湿度。

六、球茎等器官的收获及收后管理

许多花卉是以球茎、鳞茎等器官越冬，为了保障这些器官的健康贮存，要在晴天收获；在挖掘过程中尽量减少伤口；挖出后剔除有病的器官，并在阳光下曝晒几天方可入窖。贮窖必须预先清扫消毒，通风晾晒；入窖后要控制好温度和湿度，窖温一般控制在5℃左右，湿度控制在70%以下。球茎等器官最好单个装入尼龙网袋内悬挂在窖顶贮藏。

七、加强管理

加强对植物的抚育管理，及时修剪。例如，防治危害悬铃木的日本龟蜡蚧，可及时的剪除虫枝，以有效地抑制该虫的危害；及时清除被害植株及树枝等，以减少病虫的来源。公园、苗圃的枯枝落叶、杂草，都是害虫的潜伏场所，清除病枝虫枝，清扫落叶，及时除草，可以消灭大量的越冬病虫。尤其是温室栽培植物，要经常通风透气，降低湿度，以减少花卉灰霉病等的发生发展。

第三章　物理机械防治

利用简单的工具以及物理因素（如光、温度、热能、放射能等）来防治害虫的方法，称为物理机械防治。物理机械防治的措施简单实用，容易操作，见效快，可以作为危害虫大发生时的一种应急措施。特别对于一些化学农药难以解决的害虫或发生范围小时，往往是一种有效的防治手段。

一、人工捕杀

利用人力或简单器械，捕杀有群集性、假死性的害虫。例如，用竹竿打树枝震落金龟子，组织人工摘除袋蛾的越冬虫囊，摘除卵块，发动群众于清晨到苗圃捕捉地老虎以及利用简单器具钩杀天牛幼虫等，都是行之有效的措施。

二、诱杀法

是指利用害虫的趋性设置诱虫器械或诱物诱杀害虫，利用此法还可以预测害虫的发生动态。常见的诱杀方法有：

（一）灯光诱杀

利用害虫的趋光性，人为设置灯光来诱杀防治害虫。目前生产上所用的光源主要是黑光灯，此外，还有高压电网灭虫灯。黑光灯是一种能辐射出360nm紫外线的低气压汞气灯，而大多数害虫的视觉神经对波长330~400nm的紫外线特别敏感，具有较强的趋性，因而诱虫效果很好。利用黑光灯诱虫，除能消灭大量虫源外，还可以用于开展预测预报和科学实验，进行害虫种类、分布和虫口密度的调查，为防治工作提供科学依据。

安置黑光灯时应以安全、经济、简便为原则。黑光灯诱虫时间一般在5~9月份，灯要设置在空旷处，选择闷热、无风、无雨、无月光的夜晚开灯，诱集效果最好，一般以晚上9~10时诱虫最好。由于设灯时，易造成灯下或灯的附近虫口密度增加，因此，应注意及时消灭灯光周围的害虫。除黑光灯诱虫外，还可以利用蚜虫对黄色的趋性，用黄色光板诱杀蚜虫及美洲斑潜蝇成虫等。

（二）毒饵诱杀

利用害虫的趋化性在其所嗜好的食物中（糖醋、麦麸等）掺入适当的毒剂，制成各种毒饵诱杀害虫。例如，蝼蛄、地老虎等地下害虫，可用麦麸、谷糠等作饵料，掺入适量敌百虫或其他药剂制成毒饵来诱杀。所用配方一般是饵料 100 份、毒剂 1~2 份、水适量。另外诱杀地老虎、梨小食心虫成虫时，通常以糖、酒、醋作饵料，以敌百虫作毒剂来诱杀。所用配方是糖 6 份、酒 1 份、醋 2~3 份、水 10 份，再加适量敌百虫。

（三）饵木诱杀

许多蛀干害虫如天牛、小蠹虫、象虫、吉丁虫等喜欢在新伐倒不久的倒木上产卵繁殖。因此，在成虫发生期间，在适当地点设置一些木段，供害虫大量产卵，待新一代幼虫完全孵化后，及时进行剥皮处理，以消灭其中害虫。例如，在山东泰安岱庙内，每年用此方法诱杀双条杉天牛，取得了明显的防治效果。

（四）植物诱杀

或称作物诱杀，即利用害虫对某种植物有特殊嗜好的习性，经种植后诱集捕杀的一种方法。例如，在苗圃周围种植蓖麻，使金龟子误食后麻醉，可以集中捕杀。

（五）潜所诱杀

利用某些害虫的越冬潜伏或白天隐蔽的习性，人工设置类似环境诱杀害虫。注意诱集后一定要及时消灭。例如，有些害虫喜欢选择树皮缝、翘皮下等处越冬，可于害虫越冬前在树干上绑草把，引诱害虫前来越冬，将其集中消灭。

三、阻隔法

人为设置各种障碍，切断病虫害的侵害途径，称为阻隔法。

（一）涂环法

对有上下树习性的害虫可在树干上涂毒环或涂胶环，从而杀死或阻隔幼虫。多用于树体的胸高处，一般涂2~3个环。

（二）挖障碍沟

对于无迁飞能力只能靠爬行的害虫，为阻止其危害和转移，可在未受害植株周围挖沟；对于一些根部病害，也可以在受害植株周围挖沟，阻隔病原菌的蔓延，以达到防治病虫害传播蔓延的目的。

（三）设障碍物

主要防治无迁飞能力的害虫。如枣尺蠖的雌成虫无翅，交尾产卵时只能爬到树上，可在上树前在树干基部设置障碍物阻止其上树产卵。

（四）覆盖薄膜

覆盖薄膜能增产的同时也能达到防病的目的。许多叶部病害的病原物是在病残体上越冬的，花木栽培地早春覆膜可大幅度地减少叶病的发生。因为薄膜对病原物的传播起了机械阻隔作用，覆膜后土壤温度、湿度提高，加速病残体的腐烂，减少了侵染来源。如芍药地覆膜后，芍药叶斑病大幅减少。

四、其他杀虫法

利用热水浸种、烈日曝晒、红外线辐射，都可以杀死在种子、果实、木材中的病虫。

第四章　生物防治

用生物及其代谢产物来控制病虫的方法，称为生物防治。从保护生态环境和可持续发展的角度讲，生物防治是最好的防治方法。

生物防治法不仅可以改变生物种群的组成成分，而且能直接消灭大量的病虫；对人、畜、植物安全，不杀伤天敌，不污染环境，不会引起害虫的再次猖獗和形成抗药性，对害虫有长期的抑制作用；生物防治的自然资源丰富，易于开发，且防治成本低，是综合防治的重要组成部分和主要发展方向。但是，生物防治的效果有时比较缓慢，人工繁殖技术较复杂，受自然条件限制较大。害虫的生物防治主要是保护和利用天敌、引进天敌以及进行人工繁殖与释放天敌控制害虫发生。自 20 世纪 70 年代以来，随着微生物农药、生化农药以及抗生素类农药等新型生物农药的研制与应用，人们把生物产品的开发与利用也纳入害虫生物防治工作之中。

一、天敌昆虫的保护与利用

利用天敌昆虫来防治害虫，称为以虫治虫。天敌昆虫主要有两大类型：

（1）捕食性天敌昆虫　捕食性天敌昆虫在自然界中抑制害虫的作用和效果十分明显。例如，松干蚧花蝽对抑制松干蚧的危害起着重要的作用；紫额巴食蚜蝇对抑制在南方各省区危害很重的白兰台湾蚜有一定的作用。据初步观察，每头食蚜蝇每天能捕食蚜虫 107 头。

（2）寄生性天敌昆虫　主要包括寄生蜂和寄生蝇，可寄生于害虫的卵、幼虫及蛹内或体上。凡被寄生的卵、幼虫或蛹，均不能完成发育而死亡。有些寄生性昆虫在自然界的寄生率较高，对害虫起到很好的控制作用。

利用天敌昆虫来防治植物害虫，主要有以下三种途径：

（一）天敌昆虫的保护

当地自然天敌昆虫种类繁多，是各种害虫种群数量重要的控制因素，因此，要善于保护利用。在方法实施上，要注意以下几点：

1. 慎用农药

在防治工作中，要选择对害虫选择性强的农药品种，尽量少用广谱性的剧毒农药和残效期长的农药。选择适当的施药时期和方法或根据害虫发生的轻重，重点施药，缩小施药面积，尽量减少对天敌昆虫的伤害。

2. 保护越冬天敌

天敌昆虫常常由于冬天恶劣的环境条件而大量减少，因此采取措施使其安全越冬是非常必要的。例如，七星瓢虫、异色瓢虫、大红瓢虫、螳螂等的利用，都是在解决了安全过冬的问题后才发挥更大的作用。

3. 改善昆虫天敌的营养条件

一些寄生蜂、寄生蝇，在羽化后常需补充营养而取食花蜜，因而在种植植物时要注意考虑天敌昆虫蜜源植物的配置。有些地方如天敌食料缺乏时（如缺乏寄主卵），要注意补充田间寄主等，这些措施有利于天敌昆虫的繁衍。

（二）天敌昆虫的繁殖和释放

在害虫发生前期，自然界的天敌昆虫数量少、对害虫的控制力很低时，可以在室内繁殖天敌昆虫，增加天敌昆虫的数量。特别在害虫发生之初，大量释放于林间，可取得较显著的防治效果。我国不少地方建立了生物防治站，繁殖天敌昆虫，适时释放到林间消灭害虫。我国以虫治虫的工作也着重于此方面，如松毛虫、赤眼蜂的广泛应用，就是显著的例子。

天敌能否大量繁殖，决定于下列几个方面：首先，要有合适的、稳定的寄主来源或者能够提供天敌昆虫的人工或半人工的饲料食物，并且成本较低，容易管理；第二，天敌昆虫及其寄主，都能在短期内大量繁殖，满足释放的需要；第三，在连续的大量繁殖过程中，天敌昆虫的生物学特性（寻找寄主的能力、对环境的抗逆性、遗传特性等）不会有重大的改变。

（三）天敌昆虫的引进

我国引进天敌昆虫来防治害虫，已有 80 多年的历史。据资料记载，全世界成功的约有 250 多例，其中防治蚧虫成功的例子最多，成功率占 78%。在引进的天敌昆虫中，寄生性昆虫比捕食性昆虫成功的多。目前，我国已与美国、加拿大、墨西哥、日本、朝鲜、澳大利亚、法国、德国、瑞典等十多个国家进行了这方面的交流，引进各类天敌昆虫 100 多种，有的已发挥了较好的控制害虫的作用。例如，丽蚜小蜂于1978年底从英国引进后，经过研究，解决了人工大量繁殖的关键技术，在北方一些省、市推广防治温室白粉虱，效果十分显著；广东省从日本引进花角蚜小蜂防治松突圆蚧，已初步肯定其对松突圆蚧具有很理想的控制潜能，应用前景非常乐观；湖北省防治吹绵蚧的大红瓢虫，1953年从浙江省引入，这种瓢虫以后又被四川、福建、广西等地引入，均获得成功；1955年，我国曾从苏联引入澳洲瓢虫，先在广东繁殖释放，防治木麻黄的吹绵蚧，取得了良好的防治效果，后又引入四川防治柑橘吹绵蚧，防治效果也十分显著，50年来，该虫对控制介壳虫的发生发挥了重要的作用。

二、生物农药的应用

生物农药作用方式特殊，防治对象比较专一且对人类和环境的潜在危害比化学农药要小，因此，特别适用于植物害虫的防治。

（一）微生物农药

以菌治虫，就是利用害虫的病原微生物来防治害虫。可引起昆虫致病的病原微生物主要有细菌、真菌、病毒、立克次氏体、线虫等。目前生产上应用较多的是病原细菌、病原真菌和病原病毒三类。

利用病原微生物防治害虫，具有繁殖快、用量少、不受植物生长阶段的限制、持效期长等优点。近年来作用范围日益扩大，是目前农业害虫防治中最有推广应用价值的类型之一。

1. 病原细菌

目前用来控制害虫的细菌主要有苏芸金杆菌（Bt）。苏芸金杆菌是一类杆状的、含有伴孢晶体的细菌，伴孢晶体可通过释放伴孢毒素破坏虫体细胞组织，导致害虫死亡。苏芸金杆菌对人、畜、植物、益虫、水生生物等无害，无残余毒性，有较好的稳定性，可与其他农药混用；对湿度要求不严格，在较高温度下发病率高，对鳞翅目幼虫有很好的防治效果。因此，成为目前应用最广的生物农药。

2. 病原真菌

能够引起昆虫致病的病原真菌很多，其中以白僵菌最为普遍，在我国广东、福建、广西等省区，普遍用白僵菌来防治马尾松毛虫，取得了很好的防治效果。

大多数真菌可以在人工培养基上生长发育，便于大规模生产应用。但由于真菌孢子的萌发和菌丝生长发育对气候条件有比较严格的要求，因此，昆虫真菌性病害的自然流行和人工应用常常受到外界条件的限制，应用时机得当才能收到较好的防治效果。

3. 病原病毒

利用病毒防治害虫，其主要优点是专化性强，在自然情况下，某种病原病毒往往只寄生一种害虫，不存在污染与公害问题，在自然界中可长期保存，反复感染，有的还可遗传感染，从而造成害虫流行病。目前发现不少植物害虫，如在南方危害植物的槐尺蠖、丽绿刺蛾、榕树透翅毒蛾、竹斑蛾、棉古毒蛾、樟叶蜂、马尾松毛虫、大袋蛾等，均能在自然界中感染病毒，对这些害虫的猖獗发生起到了抑制作用。各类病毒制剂也正在研究推广之中，如上海使用大袋蛾核型多角体病毒防治大袋蛾效果很好。

（二）生化农药

指那些经人工合成或从自然界的生物源中分离或派生出来的化合物，如昆虫信息素、昆虫生长调节剂等，主要来自昆虫体内分泌的激素，包括昆虫的性外激素、昆虫的脱皮激素及保幼激素等内激素。在国外已有 100 多种昆虫激素商品用于害虫的预测、预报及防治工作，我国已有近 30 种性激素用于梨小食心虫、白杨透翅蛾等昆虫的诱捕、迷向及引诱绝育法的防治。

昆虫生长调节剂现在我国应用较广的有灭幼脲Ⅰ号、Ⅱ号、Ⅲ号等，对多种植物害虫如鳞翅目幼虫、鞘翅目叶甲类幼虫等具有很好的防治效果。

有一些由微生物新陈代谢过程中产生的活性物质，也具有较好的杀虫作用。例如，来自浅灰链霉素抗性变种的杀蚜素，对蚜虫、红蜘蛛等有较好的毒杀作用，且对天敌无毒；来自南昌链霉素的南昌霉素，对菜青虫、松毛虫的防治效果可达90%以上。

三、其他动物的利用

我国有1100多种鸟类，其中捕食昆虫的约占半数，它们绝大多数以捕食害虫为主。目前以鸟治虫的主要措施是：保护鸟类，严禁在城市风景区、公园打鸟；人工招引以及人工驯化等。如在林区招引大山雀防治马尾松毛虫，招引率达60%，对抑制松毛虫的发生有一定的效果。

蜘蛛、捕食螨、两栖动物及其他动物，对害虫也有一定的控制作用。例如，蜘蛛对于控制南方观赏茶树（金花茶、山茶）上的茶小绿叶蝉起着重要的作用；而捕食螨对酢浆草岩螨、柑橘红蜘蛛等螨类也有较强的控制力。

四、以菌治病

一些真菌、细菌、放线菌等微生物，在它的新陈代谢过程中分泌抗生素，杀死或抑制病原物。这是目前生物防治研究中的一个重要内容。如哈茨木霉能分泌抗生素，杀死、抑制茉莉白绢病病菌。又如菌根菌可分泌萜烯类等物质，对许多根部病害有拮抗作用。

第五章　化学防治

化学防治是指用农药来防治害虫、病害、杂草等有害生物的方法。化学防治是害虫防治的主要措施，具有收效快、防治效果好、使用方法简单、受季节限制较小、适合于大面积使用等优点。但也有明显的缺点，化学防治的缺点概括起来可称为“三R问题”，即抗药性、再猖獗及农药残留。由于长期对同一种害虫使用相同类型的农药，使得某些害虫产生不同程度的抗药性；由于用药不当杀死了害虫的天敌，从而造成害虫的再度猖獗危害；由于农药在环境中存在残留毒性，特别是毒性较大的农药，对环境易产生污染，破坏生态平衡。

第三篇　农药知识

第一章　农药基础知识

一、农药定义

农药，目前世界上统一的英文名为 pesticide——即为“杀害药剂”，但实际上所谓的农药系指用于防治危害农林牧业生产的有害生物（害虫、害螨、线虫、病原菌、杂草及鼠。以后，通过较长期的发展的生产和生活过程，逐渐认识到一些天然具有防治农牧业中有害生物的性能。到 17 类等）和调节植物生长的化学药品和生物药品。通常把用于卫生及改善有效成分物化性质的各种助剂也包括在内。

（一）农药商品名、通用名

通用名由三部分构成，含量+有效成分+剂型；商品名由农业部登记，其他厂家不能重复做。

（二）农药类别颜色标志带

杀虫、杀螨剂是红色；杀菌、杀线虫是黑色；杀鼠剂是蓝色；除草剂是绿色；植物生长调节剂是黄色。

（三）农药三证

《农药登记证》《生产准产证》《产品标准证》

二、农药的发展史

农药的使用可追溯到公元前 1000 多年。在古希腊，已有用硫黄熏蒸害虫及防病的记录，中国也在公元前 7~5 世纪用莽草，蜃炭灰、牧鞠等灭杀害虫。而作为农药的发展历史，大概可分为两个阶段：在 20 世纪 40 年代以前以天然药物及无机化合物农药为主的天然和无机药物时代，从 20 世纪 40 年代初期开始进入有机合成农药时代，并从此使植物保护工作发生了巨大的变化。

早期人类常常把包括农牧业病虫草害的严重自然灾害视为天灾。以后，通过长期的生产和生活过程，逐渐认识到一些天然具有防治农牧业中有害生物的性能。到 17 世纪，陆续发现了一些真正具有实用价值的农用药物。他们把烟草、松脂、除虫菊、鱼藤等杀虫植物加工成制剂作为农药使用。1763 年，法国用烟草及石灰粉防治蚜虫，这是世界上首次报道的杀虫剂。1800 年，美国人 Jimtikoff 发现高加索部族用除虫菊粉灭杀虱、蚤，其于 1828 年将除虫菊加工成防治卫生害虫的杀虫粉出售。1848 年，T. Oxley 制造了鱼藤根粉。在此时期，除虫菊花的贸易维持了中亚一些地区的经济。这类药剂的普遍使用，是早期农药发展史的重大事件，并至今仍在使用。

自公元 900 年，中国使用雄黄（三硫化二砷）防治园艺害虫以来，从 19 世纪 70 年代~20 世纪 40 年代中期，发展了一批人工制造的无机农药。

而开发最早的无机农药当数 1851 年法国 M. Grison 用等量的石灰与硫黄加水共煮制取的石硫合剂雏形——Grison 水。到 1882 年，法国的 P. M. A. Millardet 在波尔多地区发现硫酸铜与石灰水混合也有防治葡萄霜霉病的效果，由此出现了波尔多液，并从 1885 年起作为保护性杀菌剂而广泛应用。目前，无机农药中的波尔多液及石硫合剂仍在广泛应用。

有机合成杀虫剂的发展，首先从有机氯开始，在 20 世纪 40 年代初出现了滴滴涕、六六六。二次大战后，出现了有机磷类杀虫剂。20 世纪 50 年代又发展氨基甲酸酯类杀虫剂。这时期的杀虫剂用药量为 0. 75~3kg/h（千克/公顷），而上述的三大类农药成了当时杀虫剂的三大支柱。

在当代，由于高残留农药的环境污染和残留问题，引起了世界各国的关注和重视。从 20 世纪 70 年代开始，许多国家陆续禁用滴滴涕、六六六等高残留的有机氯农药和有机汞农药，并建立了环境保护机构，以进一步加强对农药的管理。如世界用量和产量最大的美国，与1970年建立了环境保护法，其把农药登记审批工作由农业部划归为环保局管理，并把慢性毒性及对环境影响列于考察的首位。鉴此，不少农药公司将农药开发的目标指向高效、低毒的方向，并十分重视它们对生态环境的影响。通过努力，开发了一系列高效、低毒、选择性好的农药新品种。

在杀虫剂方面，仿生农药如拟除虫菊酯类、沙蚕毒类的农药被开发和应用，尤其是拟除虫菊酯类杀虫剂的开发，被认为是杀虫剂农药的一个新的突破。另外，在这段时间内还开发了不少包括几丁质合成抑制剂的昆虫生长调节剂。有人把此类杀虫剂的开发称之为“第三代杀虫剂”。其包括噻嗪酮、灭幻脲、杀虫隆、伏虫隆、抑食肼、定虫隆、烯虫酯等产品。最近，又出现了称为“第四代杀虫剂”的昆虫行为调节剂。其包括信息素、拒食剂等。

在杀菌方面，抑制麦角淄醇生物合成药剂的开发是此时期的特点，尤其在20世纪80年代有了长足的发展。目前杀菌剂产品主要有吗啉类、哌嗪类、咪唑类、三唑类、吡唑类和嘧啶类等，它们均为含氯杂环化合物，主要品种有十三吗啉、嗪氨灵、丁塞特、甲嘧醇、抑霉唑、咪鲜胺及三唑酮等。它们均能防治由子囊菌纲、担子菌纲、半知菌纲引起的作物病害。由于它们能被植物吸收并在体内传导，故兼具保护和治疗的作用。它们的药效比前期的药剂提高了一个数量级，其中尤以三唑类杀菌剂的开发更为重要。

同时，在此阶段，具有杀菌活性的农用抗生素的开发也十分引人注目。其具有高效、高选择性、易降解等特点，故发展十分迅速。主要产品有多氧霉素、有效霉素等。

除草剂的发展是各大类农药中最为突出的。这是由于农业机械化和农业现代化推动了它们的发展，使之雄踞各类农药之首，有效地解决了农业生产中长期存在的草害问题。这些除草剂具有活性高、选择性强、持效适中及易降解等特点。尤其是磺酰脲类和咪唑啉酮类除草剂的开发，可谓是除草剂领域的一大革命。它们通过阻碍支链氨基酸的合成而挥发作用，用量为2~50g/ha。较之前期的有机除草剂，提高了两个数量级。它们对多种一年或多年生杂草有效，对人畜安全，芽前、芽后处理均可。此时期主要除草剂品种有绿磺隆、甲磺隆、阔叶净、禾草灵、吡氟乙草灵、丁硫咪唑酮、灭草喹、草甘膦等。同时在此阶段也出现了除草抗生素——双丙氨膦。

三、我国农药工业的发展

我国现代合成农药的研究从1930年开始，1930年在浙江植物病虫防治所建立了药剂研究室，这是最早的农药研究机构。到1935年，中国开始使用农药防治棉花、蔬菜蚜虫，主要是植物性农药，如烟碱（3%烟碱）、鱼藤酮（鱼藤根），现在也用。1943年在四川重庆市江北建立了中国首家农药厂，主要生产含砷无机物——硫化砷和植物性农药。1946年开始小规模生产滴滴涕。

中华人民共和国成立后，中国农药工业才得以发展。1950年中国能够生产六六六，并于1951年首次使用飞机喷洒DDT灭蚊，喷洒六六六治蝗。1957年中国成立了第一家有机磷杀虫剂生产厂——天津农药厂，开始了有机磷农药的生产。对硫磷（1605）、内吸磷（1059）、甲拌磷、敌百虫的生产。在20世纪60~70年代主要发展有机氯、有机磷及氨基甲酸酯的杀虫剂品种。

在20世纪70年代，我国农药产量已经能够初步满足国内市场需要，年年成灾的蝗虫、黏虫、螟虫等害虫得以有效控制。在解放前和解放初期，正因为农药的开发，对保证人们的生产生活及人们的身体健康起到了重要作用，一些大面积流行的传染病才得以控制。20世纪70年代后期我国生产的农药满足国内需求后，1983年停止了高残留有机氯杀虫剂六六六、DDT的生产，虽然现在南极的企鹅体内都有DDT、六六六的残留，但在解放初期还是起到了积极作用。

我国农药市场每年销售额为240亿元~260亿元，大约30亿美元，国际贸易方面也是出口大于进口，我国的农药产量居于世界的25%，但我国的农药技术水平与发达国家相比，还存在很大差距，技术含量低，产值少，产量占世界近25%产值只有世界销售额的7%。

中国2000多家农药厂，一年的销售额只有先正达或安万特公司的一半。

四、农药二维码的使用

（一）追溯体系全过程防伪溯源

农药二维码追溯体系全程扮演着重要的角色，一方面为各级政府部门、企业、消费者提供查询和追溯管理功能服务，为行业建立产品质量安全档案和企业信誉档案。另一方面，企业能通过二维码来追溯产品详细的生产、仓储、物流、消费者信息等，为企业的生产计划提供真实科学数据，降低库存风险和财务成本，同时为生产企业提供农药防伪、防窜货、品牌宣传、电子商务与市场促销一体化移动互联网解决方案。

日前，《农药产品二维码编码规则》团体标准正式发布，这是我国第一个针对农药产品追溯体系中的二维码编码规则进行规范而发布的标准。《农药产品二维码编码规则》由中国农药工业协会提出，由农药行业专家、生产企业、二维码技术相关企业等组成的起草委员会共同制定完成。该标准中规定了农药产品二维码数据结构的特征、格式和符号质量要求，适用于农药产品生产、运输、储存、销售、服务、追溯等的信息处理和信息交换。

近年来，农药生产和使用过程中的假冒伪劣、高毒农药滥用、包装废弃物处置等问题越来越受到社会关注，不少地区和企业都在尝试建设二维码追溯体系，但在应用过程中也面临一些问题：

一是信息内容不规范，编码标识不统一。各地区各企业标准不一，大多是网址（没有编码）或者只是内部编码，二维码没有真正发挥其“身份证”的作用。

二是系统软件不兼容，追溯信息不能资源共享和交换，形成“信息孤岛”。农资零售店里经常见到有几只甚至十几只扫码枪的情况。

三是各地、各企业自建安全追溯系统导致多且不兼容的状况，对大数据的建设非常不利，而大数据强调的是信息的共享，是实施政府与社会监督、政府与企业决策的重要支撑条件之一。

《农药产品二维码编码规则》以确保农药生产、流通、使用各个环节信息互联互通、产品全过程通查通识为目标而制定，标准实施后，从生产源头建立二维码追溯体系，将改变追溯环节信息不畅、追溯系统接口不一的状况。

《农药商品二维码编码规则》考虑到了各管理部门管理重点不同的需要，如根据产品毒性级别的代码信息，可方便读取高毒农药的数据信息，便于高毒农药监管；根据材质类别代码信息，可以读取有关农药产品最小包装物的信息，便于对农药包装废弃物处理和回收的监管。对于假冒伪劣农药，可以通过二维码扫描快速识别。此外，该标准的推出与企业大规模地采用，将会对农资行业的“互联网”起到极大的推动作用，使假劣农资无藏身之地，为规范行业发展、扶优限劣起到积极作用。

（二）农药二维码防伪追溯系统方案

为规范农药标签二维码信息内容和二维码制作，便于农药标签二维码的识别和应用，根据《农药管理条例》《农药标签和说明书管理办法》有关规定和要求，现就农药可追溯电子信息码管理有关事项公告如下：

1. 编码规则

（1）农药标签可追溯电子信息码应当以二维码标注。二维码的码制为 QR 码，字符编码采用 UTF-8。二维码应当包含农药名称、农药登记证持有人名称、单元识别代码、追溯信息系统网址四项内容。四项内容应当按以上顺序排列，每项内容单独成行。其中农药名称、农药登记证持有人名称应当与相关行政许可的信息一致。

（2）单元识别代码由32位阿拉伯数字组成。第1~6位为该产品农药登记证号的后六位，可从中国农药信息网查询。第7~12位为生成时间码，年、月、日分别为两位；第13位为包装分级码，支持多级包装，“1”代表最小包装，“2”代表上一级包装，以此类推；第14位为生产类型，“1”代表农药登记证持有人生产，“2”代表委托加工，“3”代表委托分装；第15~32位为随机码。

（3）农药标签二维码应具有唯一性，一个二维码对应唯一一个销售包装单位。各级包装按照包装等级分别赋码，并对两级以上包装建立关联关系。

（4）随着可追溯信息技术的发展，农业部适时修订可追溯电子信息码编码规则。

2. 制作与标注

（1）农药生产企业、向中国出口农药的境外企业可自行建立或者委托第三方建立二维码追溯信息系统网址，自主制作、标注和管理农药标签二维码，并确保通过追溯信息系统网址可追溯到农药产品生产批次、质量检验、物流及销售等信息。网页应当具有较强的兼容性，可在PC端和手机端浏览。

（2）为了减轻农药企业负担，农业部有关机构可建立全国农药追溯信息系统平台（网址），农药生产企业、向中国出口农药的境外企业可利用该平台免费申请和下载使用二维码，自行制作、标注在农药标签上，并及时将产品出入库追溯信息上传至全国农药追溯信息系统平台。

（3）2018年1月1日起，农药生产企业生产的农药产品，其标签上应当标注符合本公告规定的二维码。

第二章　农药剂型

农药原料合成的液体产物为原油，固体产物为原粉，统称原药。绝大多数农药原药由于其理化性质和有效成分含量很高而不能直接使用，实践当中，需要加工成不同的剂型。

目前，常用的农药剂型有以下几种：

一、乳油（EC）

乳油主要是由农药原药、溶剂和乳化剂组成，在有些乳油中还加入少量的助溶剂和稳定剂等。溶剂的用途主要是溶解和稀释农药原药，帮助乳化分散、增加乳油流动性等。常用的有二甲苯、苯、甲苯等。

农药乳油要求外观清晰透明、无颗粒、无絮状物，在正常条件下贮藏不分层、不沉淀，并保持原有的乳化性能和药效。原油加到水中后应有较好的分散性，乳液呈淡蓝色透明或半透明溶液，并有足够的稳定性，即在一定时间内不产生沉淀，不析出油状物。稳定性好的乳液，油球直径一般在 0. 1~1 微米。

目前乳油是使用的主要剂型，但由于乳油使用大量有机溶剂，施用后增加了环境负荷，所以有减少的趋势。

二、粉剂（DP）

粉剂是由农药原药和填料混合加工而成。有些粉剂还加入稳定剂。

填料种类很多，常用的有黏土、高岭土、滑石、硅藻土等。

对粉剂的质量要求，包括粉粒细度、水分含量、pH 值等。粉粒细度指标，一般 95%~98%通过 200 号筛目，粉粒平均直径为 30 微米；通过 300 号筛目，粉粒平均直径为 10~15 微米。通过 325 号筛目（超筛目细度），粉粒平均直径为 5~12 微米。水分含量一般要求小于 1%。pH 值 6~8。

粉剂主要用于喷粉、撒粉、拌毒土等，不能加水喷雾。

三、可湿性粉剂（WP）

可湿性粉剂是由农药原药，填料和湿润剂混合加工而成的。

可湿性粉剂对填料的要求及选择与粉剂相似，但对粉粒细度的要求更高。湿润剂采用纸浆废浆液、皂角、茶枯等，用量为制剂总量的 8%~10%；如果采用有机合成湿润剂（例如，阴离子型或非离子性）或者混合湿润剂，其用量一般为制剂的 2%~3%。

对可湿性粉剂的质量要求应有好的润湿性和较高的悬浮率。悬浮率不良的可湿性粉剂，不但药效差，而且往往易引起作物受害。悬浮率的高低与粉粒细度、湿润剂种类及用量等因素有关。粉粒越细悬浮率越高。粉粒细度指标为 98%通过 200 号筛目，粉粒平均直径为 25 微米，湿润时间小于 15 分钟，悬浮率一般在 28%~40%范围内；粉粒细度指标为 96%以上通过 325 号筛目，粉粒平均直径小于 5 微米，湿润时间小于 5 分钟，悬浮率一般大于 50%。

可湿性粉剂经贮藏，悬浮率往往下降，尤其经高温悬浮率下降很快。若在低温下贮藏，悬浮率下降较缓慢。

可湿性粉剂加水稀释，用于喷雾。

四、颗粒剂（GR）

颗粒剂是由农药原药、载体和助剂混合加工而成。

载体对原药起附着和稀释作用，是形成颗粒的基础（粒基）。因此，要求载体不分解农药、具有适宜的硬度、密度、吸附性和遇水解体率等性质。常用做载体的物质如白炭黑、硅藻土、陶土、紫砂岩粉、石煤渣、黏土、红砖、锯末等。常见的助剂有黏结剂（包衣剂）、吸附剂、湿润剂、染色剂等。

颗粒剂的粒度范围一般为 10~80 目。按粒度大小分为微（细）粒剂（50~150 目）、粒剂（10~50 目）、大粒剂（丸剂，大于 10 目）；按其在水中的行为分为解体型和非解体型。

颗粒剂用于撒施，具有使用方便、操作安全、应用范围广及延长药效等优点。高毒农药颗粒剂一般做土壤处理或拌种沟施。

五、水剂（AS）

水剂主要是由农药原药和水组成，有的还加入小量防腐剂、湿润剂、染色剂等。该制剂是以水作为溶剂，农药原药在水中有较高的溶解度，有的农药原药以盐的形式存在于水中。水剂加工方便，成本低廉，但有的农药在水中不稳定，长期贮存易分解失效。

六、悬浮剂（SC）

悬浮剂又称胶悬剂，是一种可流动液体状的制剂。它是由农药原药和分散剂等助剂混合加工而成，药粒直径小于微米。悬浮剂使用时对水喷雾，40%多菌灵悬浮剂、20%除虫脲悬浮剂等。

七、超低容量喷雾剂（ULV）

超低容量喷雾剂是一种油状剂，又称为油剂。它是由农药和溶剂混合加工而成，有的还加入少量助溶剂、稳定剂等。这种制剂专供超低量喷雾机使用，或飞机超低容量喷雾，不需稀释而直接喷洒。由于该剂喷出雾粒细，浓度高，单位受药面积上附着量多，因此，加工该种制剂的农药必须高效、低毒，要求溶剂挥发性低、密度较大、闪点高、对作物安全等。如25%敌百虫油剂、25%杀螟松油剂、50%敌敌畏油剂等。油剂不含乳化剂、不能兑水使用。

八、可溶性粉剂（SP）

可溶性粉剂是由水溶性农药原药和少量水溶性填料混合粉碎而成的水溶性粉剂。有的还加入少量的表面活性剂。细度为90%通过80号筛目。使用时加水溶解即成水溶液，供喷雾使用。如80%敌百虫可溶性粉、50%杀虫环可溶性粉、75%敌克松可溶性粉、64%野燕枯可溶性粉、井冈霉素可溶性粉等。

九、微胶囊剂（MC）

微胶囊剂是用某些高分子化合物将农药液滴包裹起来的微

型囊体。微囊粒径一般在25微米左右。它是由农药原药（囊蕊）、助剂、囊皮等制成。囊皮常用人工合成或天然的高分子化合物、如聚酰胺、聚酯、动植物胶（如海藻胶、明胶、阿拉伯胶）等，它是一种半透性膜，可控制农药释放速度。该制剂为可流动的悬浮体，使用时对水稀释，微胶囊悬浮于水中，供叶面喷雾或土壤施用。农药从囊壁中逐渐释放出来，达到防治效果。微胶囊剂属于缓释剂类型、具有延长药效、高毒农药低毒化、使用安全等优点。

十、烟剂（FU）

烟剂是由农药原药、燃料（如木屑粉）、助燃剂（氧化剂，如硝酸钾）、消燃剂（如陶土）等制成的粉状物。细度通过80号筛目、袋装或罐装、其上配有引火线。烟剂点燃后可以燃烧、但没有火焰、农药有效成分因受热而气化，在空气中受冷又凝聚成固体微粒，沉积在植物上，达到防治病害或虫害目的。在空气中的烟粒也可通过昆虫呼吸系统进入虫体产生毒效。烟剂主要用于防治森林、仓库、温室、卫生等病虫害。

十一、水乳剂（EW）

水乳剂为水包油型不透明浓乳状液体农药剂型。水乳剂是由水不溶性液体农药原油、乳化剂、分散剂、稳定剂、防冻剂及水、经均匀化工艺制成。不需用油作溶剂或只需用少量。

水乳剂的特点有：①不使用或仅使用少量的有机溶剂；②以水为连续相，农药原油为分散相，可抑制农药蒸气的挥发；③成本低于乳油；④无燃烧、爆炸危险，贮藏较为安全；⑤避免或减少了乳油制剂所用有机溶剂对人畜的毒性和刺激性，减少了对农作物的药害危险；⑥制剂的经皮及口服急性毒性降低，使用较为安全；⑦水乳剂原液可直接喷施，可用于飞机或地面微量喷雾。

十二、水分散性粒剂（WDG）

入水后能迅速崩解、分散形成悬浮液的粒状农药剂型。产生于20世纪80年代初，是正在发展中的新剂型。这种剂型兼具可湿性粉剂和浓悬浮剂的悬浮性、分散性、稳定性好的优点，而克服了二者的缺点；与可湿性粉剂相比，它具有流动性好，易于从容器中倒出而无粉尘飞扬等优点；与浓悬浮剂相比，它可克服贮藏期间沉积结块、低温时结冻和运费高的缺点。

第三章　农药的使用技术

一、喷雾

将农药制剂加水稀释或直接利用农药液体制剂，以喷雾机具喷雾的方法。喷雾的原理是将药液加压，高压药液流经喷头雾化成雾滴的过程。适用于这种施药方法的剂型有可湿性粉剂、乳油、可溶性粉剂、胶悬剂、水剂或油剂等。

常规喷雾法：指在单位面积上喷施的药液量较大（一般每亩 50kg 以上）的喷雾方法。高量喷雾药液浓度较低（0.05%~0.5%），雾滴较粗（直径 250μm），用液压或气压式喷雾器进行针对性喷雾，是目前最常用的喷雾方法。

二、包衣

是今年来迅速兴起，推广面积逐渐扩大的一种使用技术，一般是集杀虫、杀菌为一体，在种子外包覆一层药膜，使药剂缓慢释放出来，达到治虫、抗病的作用。

三、拌种

用拌种器将药剂与种子混拌均匀，使种子外面包上一层药粉或药膜，再播种，以防治种子带菌和土壤带菌浸染种子及防治地下害虫的施药方法。拌种法分干拌法和湿拌法两种。干拌法可直接利用药粉；湿拌法则需要确定药量后加少量水。拌种药剂量一般为种子重量的 0.2%~0.5%。

四、喷粉

用喷粉器械所产生的风力将药粉吹出分散并沉降于植物体表的使用方法。喷粉法施药比常量喷雾法施药工效高。适合于干旱缺水的地区，但粉尘飘移污染严重。

五、撒颗粒

用手或撒粒机施用颗粒剂的试药方法。水田以这种施药形式最多。撒颗粒剂用法简单，工效高，减少了飘移污染。

六、熏蒸

使用熏蒸剂，使其发挥成为气体状态，以毒气防治病虫害的施药方法。分空间熏蒸和土壤熏蒸两种，空间熏蒸主要用于仓库；土壤熏蒸主要防治地下害虫和土壤杀菌等。

七、烟熏

用烟剂点燃或用器械产生含有效成分的烟雾，该烟雾在空气中飘浮、扩散来防治害虫和病毒的方法。

八、灌注

在土壤表层或耕层，配制一定浓度的药液进行灌注或注入，药剂在土壤中渗透和扩散，以防治土壤病菌、线虫和地下害虫的施药方法。

九、毒土

农药制剂与细土混合后，进行撒施的方法。这种方法简单、适用。

十、浸种浸苗

为预防种子带菌、地下害虫为害及作物苗期病虫害而用药剂进行的种苗处理方法。

十一、涂抹

将农药制剂加入固着剂和水调制成糊状物，用毛刷点涂在作物茎、叶等部位，防治病虫害的施药方法。该法施用的药剂必须是内吸剂，因此，只涂一点即可经吸收输导传遍整个植株体而发挥药效。如用乐果防治棉蚜即可用点涂法施药。

十二、沾花

指在作物的开花受粉前后，用药剂或植物生长调节剂配成适当浓度的液剂，用毛刷或棉球涂在作物的花蕾上，以达到早熟、促长、抗病之目的。

第四章　农药分类

一、按来源分类

（一）矿物源农药

起源于天然矿物原料的无机化合物和石油的农药，统称为矿物源农药。如：波尔多液、石硫合剂、柴油乳剂、机油乳剂。

（二）生物源农药

生物源农药是指利用生物资源开发的农药，生物包括动物、植物、微生物。

1. 植物源农药

烟碱、印楝素、藜芦碱、鱼藤酮等。

2. 微生物源农药

（1）农用抗生素——井冈霉素、春雷霉素、多抗霉素、土霉素、链霉素。

（2）活体微生物农药——真菌（白僵菌、绿僵菌），细菌（Bt），病毒（棉铃虫核多角体病毒、颗粒体病毒、苜蓿银纹夜蛾核多角体病毒），活体微生物农药是利用有害生物的病原微生物活体作为农药，以工业方法大量繁殖其活体并加工成制剂来应用，而其作用实质是生物防治。

3. 有机合成农药

现应用最多的还是合成农药。

二、按防治对象分类

农药分为杀虫剂、杀菌剂、杀线虫剂、杀螨剂、除草剂、杀鼠剂、杀软体动物剂、植物生长调节剂 8 大类。

（一）杀虫剂

用于杀灭害虫的药剂称为杀虫剂，许多杀虫剂兼具杀螨作用，有时也称杀虫杀螨剂。而有的杀螨剂只具有杀螨的作用，不具有杀虫作用，称为杀螨剂。

1. 有机磷类　有机磷类农药是含磷的有机化合物，主要是磷酸的衍生物。按化学结构，又可分为以下五类：

（1）磷酸酯类：如久效磷、磷胺、二溴磷、敌百虫、敌敌畏等。

（2）一硫代：如对硫磷、甲基对硫磷、杀螟松、辛硫磷、氧化乐果、内吸磷、水胺硫磷、二嗪农、喹硫磷等。

（3）二硫代：如马拉硫磷、乐果、乙硫磷、亚胺硫磷、伏杀磷、三硫磷、甲拌磷、稻丰散等。

（4）磷酸胺、硫代磷酰胺：如甲胺磷、乙酰甲胺磷。

（5）焦磷酸酯、硫代焦磷酸酯：如特普（TEPP）、治螟磷（苏化 203）等。

2. 氨基甲酸酯类

氨基甲酸酯类农药是含有氨基甲酸酯基团的酯类化合物（$R-O-CONH_2$），它是甲酸（HCOOH）的衍生物。按其化学结构，又可分为：

（1）N—甲基氨基甲酸酯，如速灭威、叶蝉散、害扑威、混灭威、仲丁威、呋喃丹、涕灭威等；

（2）二甲基氨基甲酸酯，如抗蚜威等。

3. 有机氮类

有机氮杀虫剂系指除氨基甲酸酯及有机磷酸酯之外的其他含氮杀虫剂，目前出现的品种可分为三类：

（1）脒类：含有脒基［H_2NC（=NH）—］杀虫剂，如啶虫脒、杀虫脒。杀虫脒目前已禁止生产使用。

（2）杀蚕毒类：杀蚕毒是一种从海生环节动物异足索蚕（俗称沙蚕）体内分离出来的有毒物质。根据其化学结构合成了多种具有杀虫价值的类似物，例如，杀螟丹、杀虫双、杀虫单、杀虫环等。

（3）脲类、硫脲类：含有脲基（H_2NCONH—）杀虫剂有除虫脲、灭幼脲、定虫隆、伏虫隆、杀虫隆；含有硫脲基（H_2NCSNH—）的杀虫剂有灭虫隆等。

4. 拟除虫菊酯类杀虫剂

拟除虫菊酯类依据天然除虫菊花中的杀虫有效成分除虫菊素的化学结构人工合成的类似物。根据拟除虫菊酯对光的稳定性可分为光不稳定性菊酯和光稳定性菊酯类二大类：

（1）光不稳定性拟除虫菊酯：如丙烯菊酯、胺菊酯、苄呋菊酯、炔呋菊酯、苯醚菊酯等。它们受光照射后极易分解，不适用于农田防治害虫，主要用于防治室内及卫生害虫。

（2）光稳定性拟除虫菊酯：如氯氰菊酯、溴氰菊酯、氰戊菊酯、甲氰菊酯、联苯菊酯、功夫菊酯、氟氰菊酯、多来宝。

5. 有机氯类

有机氯杀虫剂是一类含氯元素的碳氢化合物。如滴滴涕、六六六、毒杀芬、灭蚁灵、氯丹等。六六六、滴滴涕已在我国禁止使用。

6. 有机氟

如氟乙酰胺、氟乙酸钠、硫酰氟等。

7. 无机杀虫剂

是以天然矿物质为原料的无机化合物，如砷酸钙、亚砷酸、氟化钠等。

8. 植物性杀虫剂

如鱼藤精、烟碱、除虫菊等。

9. 微生物杀虫剂

能使害虫致病的真菌、细菌、病毒，通过人工大量培养，作为农药防治害虫。如苏云金杆菌、杀螟杆菌、白僵菌等。

10. 昆虫生长调节剂

可分为拟保幼激素如 ZR－777（Kinoprene）；抗保幼激素如早熟素 1 号；几丁质合成抑制剂如灭幼脲、噻嗪酮（buprofenin）等。

11. 昆虫行为调节剂

可分为信息素和拒食剂。信息素包括性信息素如性诱剂、报警信息素如驱避剂；拒食剂如印楝素，α-桐酸甲酯等。

12. 杂环类

吡虫啉：高效、低毒，亩用1~2克；

锐劲特：亩用1.5~2.5克。飞虱、蓟马、螟虫、稻象甲、负泥虫、稻瘿蚊都有效，防治稻纵卷叶螟最好的药。

（二）杀菌剂

1. 有机硫类

是指化学结构含有硫元素的有机杀菌剂。常用的品种有四类：

（1）二硫代氨基甲酸盐类：又可分为乙撑双二硫代氨基甲酸盐类（又名代森类），如代森锌、代森铵、异丙镍、代森环等；二甲基硫代氨基甲酸盐类（又名福美类），如福美双、福美锌、福美镍等。

（2）氨基磺酸类：如敌锈钠和敌克松等。

（3）硫代磺酸酯类：如抗菌剂401和402。

（4）三氯甲硫基类：如灭菌丹和克菌丹。

2. 有机磷酸酯类

是一类含有磷元素的有机杀菌剂，如稻瘟净、异稻瘟净、克瘟散、乙膦铝、定菌磷等。

3. 有机砷类

是一类含有砷元素的有机化合物，如福美甲胂、福美胂、甲基胂酸锌（稻脚青）、甲基胂酸钙（稻宁）、甲基胂酸铁铵（田安）等。

4. 有机锡类

是一类含有锡元素的有机化合物，如薯瘟锡、三苯基氯化锡、毒菌锡、乙蜗锡等。

5. 苯类

是一类含有苯环结构的有机化合物，如六氯苯、五氯硝基苯、托布津、甲基托布津、百菌清、四氯苯肽等。

6. 杂环类

是一类含有杂环结构有机化合物。这类药剂品种多，杀菌谱广，大都具有内吸作用，可分为以下几类：

（1）苯并咪唑类：如多菌灵、苯来特、苯菌灵等。

（2）噻英类：如萎锈灵和氧化萎锈灵等。

（3）嘧啶类：如甲菌定和乙菌定等。

（4）吡啶类：如吡氯灵、氯甲基吡啶等。

（5）三唑类：如三唑酮、三环唑、叶锈特等。

（6）吗啉类：如十三吗啉、十二吗啉、硫酰吗啉等。

（7）吩嗪类：如叶枯净等。

（8）吡唑类：如茂叶宁、绿叶宁、果丰定等。

（9）哌嗪类：如嗪氨灵等。

（10）喹啉类：如乙氧喹啉、羟基喹啉盐等。

（11）苯并噻唑类：如稻可丰、苯噻清等。

（12）呋喃类：如甲呋酰苯胺、二甲呋酰苯胺等。

7. 无机杀菌剂

是指以天然矿物为原料的杀菌剂。如硫酸铜、杀菌铜、王铜、波尔多液、升汞、甘汞、硫黄、多硫化钡、石硫合剂等。

8. 微生物杀菌剂

是用微生物的代谢产物作为防治植物病害的药剂，又称抗生素，如井冈霉素、春雷霉素、稻瘟散等。

另外杀菌剂按作用方式还分为：保护剂和治疗剂两种。

（1）保护剂：在病菌侵染之前喷施在植物体表面均匀周到。

（2）治疗剂：是指药剂能够在植物体内转移传导，对病菌起到杀灭和铲除作用。

（三）除草剂

1. 酰胺类

在化学结构中含有酰胺基团（CONH—）的除草剂。如敌稗、丁草胺、甲草胺、大惠利、都尔、杀草胺等。

2. 二硝基苯胺类

在化学结构中苯胺上含有二个硝基（$—NO_2$）的除草剂，如氟乐灵、地乐胺、除草通等。

3. 氨基甲酸酯类

在化学结构中含有氨基甲酸基团（$—OCONH_2$）的除草剂，如杀草丹、禾大壮、磺草灵、优克稗等。

4. 脲类

在化学结构中含脲基（$H_2NCONH—$）的除草剂，如敌草隆、绿麦隆、莎扑隆、利谷隆等。

5. 酚类

在化学结构中含有苯酚的除草剂，如五氯酚钠、二硝酚等。

6. 二苯醚类

在化学结构中含二苯醚的除草剂，如除草醚、草枯醚、果尔、虎威、杂草焚等。

7. 三氮苯类

在化学结构中含三氮苯环的除草剂，如扑草净、西草净、西玛津、威尔柏等。

8. 苯氧羧酸类

在化学结构中含有苯氧基的除草剂，如二甲四氯、盖草能、禾草克、稳杀得、禾草灵等。

9. 有机磷类

在化学结构中含磷（P）的有机除草剂，如草甘膦、草特磷等。

10. 杂环类

在化学结构中含有各种杂环的除草剂，如灭草松、恶草灵、百草枯等。

11. 硫酰脲类

在化学结构中含硫酰脲的除草剂。如农得时（苄嘧磺隆）、阔草净、草克星、绿磺隆、甲磺隆等。

12. 咪唑啉酮类

在化学结构中含有咪唑啉酮环的除草剂，如咪草烟（普杀特）。

13. 选择性除草剂

除草剂在植物间有选择性，即能够毒杀某种或某一类杂草，而对作物是安全的，这类除草剂称为选择性除草剂。近几年，我国在稻麦田中已广泛使用选择性除草剂，能够安全有效地防除杂草。如敌稗、二甲四氯、西玛津、苯达松等。

14. 灭生性除草剂

除草剂对植物无选择性，植物接触此类药剂都能伤害致死。如草甘膦、百草枯等。灭生性除草剂可用于休闲地、田边等处杀灭杂草，不能在作物出苗后的田间直接喷洒。有些也可通过“时差”或“位差”或者使用保护机械设备后用于农田除草。

（四）植物生长调节剂

1. 杂环类

如哌壮素、助壮素、吲哚乙酸、萘乙酸、萘乙酸胺、萘氧乙酸、抑芽醚、芸苔素内酯、正形素、6-苄氨基嘌呤、吲熟酯、赤霉素等。

2. 苯类

如抑芽敏、多效唑、爱多收、特丁滴、防落素、甲苯酞氨酸、三碘苯甲酸等。

3. 有机磷类

如乙烯利、调节膦、增甘膦、脱叶磷、脱叶亚磷等。

4. 取代脲类

如脱叶脲等。

5. 醇类

如正癸醇、正十一醇、三十烷醇、三环苯嘧醇、羟乙基二十二烷醇以及比久、矮壮素、环烷酸盐、菌多杀、乙二肟、促叶黄、羟基乙肼、托实康、十一碳烯酸、三丁氯苄磷等。

6. 催熟剂

具有缩短植物生长期，促进果实成熟的作用。如乙烯利、羟基乙肼、羟乙基二十二烷醇等。

7. 保鲜剂

具有延缓植物衰老，解除顶端优势的作用，如抑芽丹、抑芽醚、抑芽敏、玉米素、N6-呋喃甲基氨基嘌呤等。

8. 脱叶剂

具有促进植物叶片等器官衰老和脱落的作用。如脱落酸、脱叶磷、脱叶亚磷等。

9. 防落剂

具有加速植物幼果发育，提高坐果率，防止落花落果的作用。如防落素、萘乙酸、萘氧乙酸、助壮素等。

10. 生长抑制剂

具有抑制植物细胞伸长而不抑制细胞分裂的作用，能使植物节间缩短、茎秆变粗、矮壮、株行紧凑、增强抗逆、抗倒伏能力、增加分蘖等。如矮壮素、多效唑等。

11. 生长促进剂

具有促进植物细胞分裂、根系发育和诱导器官发生的作用，多用于组织培养等。如赤霉素、三十烷醇、爱多收、吲哚乙酸、环烷酸盐等。

12. 性诱变剂

具有调节植物性别，有利雌花产生的作用，多用于无性繁殖培育无子果实等。如萘乙酸、促生灵、乙烯利等。

三、按作用方式分类

（一）胃毒剂

如：敌百虫（对蟏象有触杀作用），不杀蚜虫和螨，在碱性条件下部分分解成敌敌畏后有杀蚜杀螨作用。

（二）触杀剂

大部分有机磷、菊酯类通过昆虫表皮进入体内发挥作用使害虫中毒死亡。

（三）熏蒸剂

通过昆虫气门或呼吸系统进入昆虫体内发挥作用使虫体中毒死亡。

（四）内吸剂

药剂施药后通过叶片或根、茎被植物吸收进入植物体后输导到其他部位。如：克百威、吡虫啉、氧乐果。

第五章　农药毒性及农药中毒

农药一般都是有毒物，其毒性大小，通常用对试验动物的致死中量、致死中浓度和无作用剂量（LD50，LC50，NOEL）来表示。

一、毒性分级

LD50：在给定时间内，使一组实验动物的50%发生死亡的毒物剂量，称“半数致死量”。

LC50：在给定时间内，使一组实验动物的50%发生死亡的毒物浓度，称“半数致死浓度”。

致死中量越小，浓度毒性越大，反之，致死中量越大，农药的毒性则越小。

按我国农药毒性分级标准，农药毒性分为极毒、剧毒、高毒、中等毒、低毒六级。

（1）极毒，LD50<1mg/kg体重，如毒鼠强；

（2）剧毒，1<LD50<5mg/kg体重，甲拌磷、对硫磷；

（3）高毒，5<LD50<50mg/kg体重，克百威、灭多威；

（4）中毒，50<LD50<500mg/kg体重，三唑磷、菊酯类；

（5）低毒，500<LD50<5000mg/kg体重，辛硫磷、敌百虫。

（6）微毒，LD50 > 5000mg/kg体重，多菌灵、吡虫啉。

二、农药中毒

在使用接触农药的过程中，农药进入人体内超过了正常人的最大受量，使人的正常生理功能受到影响，出现生理失调、病理改变等系列中毒现象，如呼吸障碍、心搏骤停、休克、昏迷、痉挛、激动、不安、疼痛等症状，就是农药中毒现象。

（一）农药中毒的类型

以农药中毒引起的人体所受损害程度的不同分为轻度、中度、重度中毒。以中毒快慢分为急性中毒、亚急性中毒、慢性中毒。

1. 急性中毒

农药被人一次口服、吸入或皮肤接触量较大，在 24 小时内就表现出中毒症状的为急性中毒。

2. 亚急性中毒

一般是人在 48 小时内，出现中毒症状，时间较急性中毒为长，症状表现较缓慢。

3. 慢性中毒

接触农药量小，时间长易产生积累性慢性中毒。农药进入人体后累积到一定量才表现出中毒症状，一般不易被察觉，诊断时往往被认为是其他症状。所以慢性中毒易被人们忽略，一旦发现，为时已晚，在日常生活中食用了农药残留量超标的蔬菜、水果，饮用了农药残留量超标的水，或接触、吸入了卫生杀虫剂等大多会引起累积性的慢性中毒。

（二）农药中毒的途径

1. 经皮

农药通过皮肤吸收引起的中毒。不按安全操作规程，如不穿防护服、不戴手套施药，喷雾器在喷药前未检查漏水，药液浸湿了衣裤，迎风喷药药液吹到了操作者身上或眼内均会引起经皮中毒。

2. 吸入

农药从呼吸道吸入引起的中毒。使用具有熏蒸作用的农药和易挥发成气体的农药，在喷药过程中不戴口罩，贮藏农药的地方不通风或将农药放在人住的房内，都会因吸入了农药而引起吸入中毒。

3. 经口

通过嘴和消化道吸收引起的中毒。如食用了拌了农药的种子；长期食用农药残留量超标的瓜、果、蔬菜；在喷药时不按操作规程，不洗手就吃东西、喝水、抽烟等都能引起经口中毒。

农药中毒又可分为生产性中毒，非生产性中毒。

生产性中毒是农药在生产、运输、销售、保管、使用等过程中不按安全操作规程操作发生的中毒。

非生产性中毒是在生活中因接触农药（包括服毒自杀）发生的中毒。

（三）中毒症状

由于不同农药中毒作用机制不同，所以有不同的中毒症状表现，一般表现为恶心呕吐、呼吸障碍、心搏骤停、休克、昏迷、痉挛、激动、烦躁不安、疼痛、肺水肿、脑水肿等。为了尽量减轻症状和避免死亡，必须尽早、尽快、及时地采取急救措施。

（四）急救措施

（1）去除农药污染源，防止农药继续进入人体内，是急救中很重要的措施之一。

①经皮引起的中毒者，应立即脱去被污染的衣裤，迅速用温水冲洗干净，或用肥皂水冲洗（敌百虫除外，因它遇碱后变为更毒的敌敌畏），或用4%碳酸氢钠溶液冲洗。若眼内溅入农药，立即用生理盐水冲洗20次以上，然后滴入2%可的松和0.25%氯霉素眼药水，疼痛加剧者，可滴入1%~2%普鲁卡因溶液。

②吸入引起中毒者，立即将中毒者带离现场到空气新鲜的地方去，并解开衣领、领带、腰带，保持呼吸畅通，除去假牙，注意保暖，严重者送医院抢救。

③经口引起中毒者，应尽早引吐、洗胃、导泻或对症使用

解毒剂。

A. 引吐：是排除毒物很重要的方法：

a. 先给中毒者喝 200~400 毫升水，然后用干净手指或筷子等刺激咽喉呕吐。

b. 用 1%硫酸铜液每 5 分钟 1 匙，连用三次。

c. 用浓食盐水、肥皂水引吐。

d. 用中药胆矾 3 克、瓜蒂 3 克研成细末一次冲服。

e. 砷中毒用鲜羊血引吐。

注意事项：引吐必须在人神志清醒时采用，人昏迷时决不能采用，以免因呕吐物进入气管造成危险，呕吐物必须留下以备检查用。

B. 洗胃：引吐后应早、快、彻底地进行洗胃，这是减少毒物在人体内存留的有效措施，洗胃前要去除假牙，根据不同农药选用不同的洗胃液。

a. 若神志尚清醒者，自服洗胃剂；神智不清醒者，应先插上气管导管，以保持呼吸道畅通，要防止胃内物倒流入气管，在呼吸停止时，可进行人工呼吸。

b. 抽搐者应控制抽搐后再进行洗胃。

c. 服用腐蚀性农药的不宜采用洗胃，引吐后，口服蛋清及氢氧化铝、牛奶等以保护胃黏膜。

d. 最严重的患者不能插胃管，只能用手术剖腹造成瘘洗胃，这是在万不得已时采用。

C. 导泻：毒物已进入肠内，只有用导泻的方法消除毒物。导泻剂一般不用油类泻药，尤其是苯作溶剂的农药。导泻可用硫酸钠或硫酸镁 30 克加水 200 毫升一次服用，再多饮水加快导泻。有机磷农药重度中毒时，呼吸受到抑制时不能用硫酸镁导泻，避免镁离子大量吸收加重了呼吸抑制。硫化锌中毒也不能用硫酸镁。

（2）及早排出已吸收的农药极其代谢产物，可采用吸氧、输液、透析等方法。

①吸氧气体或蒸气状的农药引起的中毒，吸氧后可促使毒物从呼吸道排除出去。

②输液　在无肺水肿、脑水肿、心力衰竭的情况下，可输入10%或5%葡萄糖盐水等促进农药极其代谢物从肾脏排出去。

③透析　采用结肠、腹膜、肾透析等。

（五）治疗措施

1. 及时服用解毒药品

及时服用解毒药，可使毒物对人体的症状减轻或消除，但还要配合其他疗效措施才行。

先将几种常用的解毒剂介绍如下：

（1）胆碱酯醇复能剂　国内使用的复能剂有解磷定、氯磷定、双复磷、双解磷。这种解毒药能迅速复活被有机磷农药抑制的胆碱酯酶，对肌肉震颤、抽搐、呼吸肌麻痹有强有力的控制作用。但它们只有对有机磷农药的急性中毒有效，而对慢性有机磷农药中毒、氨基甲酸酯类农药中毒无复能作用，对某些农药反而会增强抑制胆碱酯酶的活性，如西维因农药，应禁止使用。

（2）硫酸阿托品　用于急性有机磷农药中毒和氨基甲酸酯类农药中毒的解毒剂药物。

（3）巯基类络合剂　这类药物对砷制剂，有机氯制剂有效，也可用于有机锡、溴甲烷等中毒，常用的有二巯基丙磺酸钠、二巯基丁二酸钠、二巯基丙醇、巯乙胺等。

（4）乙酰胺　它可使有机氟农药中毒后的潜伏期延长，症状减轻或制止发病，效果较好。

2. 对症治疗

（1）对呼吸障碍者的治疗　由有机磷农药中毒引起的呼吸困难，呼吸间断或感到呼吸困难时，可用阿托品，胆碱酶复能剂。还可用呼吸兴奋剂洛贝林3毫克肌肉注射，尼可刹米1.5毫升肌肉注射或9毫克加入5%葡萄糖生理盐水100毫升中静脉点滴。应注意的是使用兴奋剂时，必须在通气功能改善，呼吸道阻力减少时才能使用，不然会因增加呼吸功率而增加了氧气的消耗量。

如果中毒者呼吸停止，应立即进行输氧，口对口人工呼吸，在进行口对口呼吸时应先解开中毒者的裤带及上衣全部的扣子，清洁中毒者的口、鼻、咽等上呼吸道，保持通畅，开始时吹气压力要大些，频率也要快，10~20 次后逐渐减少压力，维持上胸部升起即可。吹气过大会造成肺泡极度扩张，肺泡内气体停留，使功能性残气增加，对气体交换不利，吹气时不宜过长或过短，不然会影响通气效果。

（2）对心搏骤停者的治疗　此种症状很危险，直接危及患者的生命，是发生在呼吸停止后或农药对心脏直接的毒性作用所致，所以要分秒必争地抢救，其方法是：心前区叩击术，用拳头叩击心前区，连续 3~5 次用力中等，这时可出现心跳恢复脉搏跳动。如此法也无效，应立即改用胸外心脏按压，每分钟 60~80 次，在做外胸按压时必须同时进行人工呼吸，不然难以复苏或不持久。做外胸按压时应注意，将中毒者放在硬板上或地上，用力不能过猛，避免发生肋骨骨折和内脏受伤。还可用浓茶做心脏兴奋剂，必要时注射安息香酸钠咖啡因等。

（3）对休克者的治疗　急性农药中毒或剧烈头疼均可引起休克，症状表现全身急性衰竭，神情呆滞、体软、四肢发凉、脸色苍白、青紫、脉搏快而细、血压下降。急救休克者，应使病人足高头低，注意保暖，必要时进行输血、输氧和人工呼吸。

（4）对昏迷者的治疗　急救时将患者放平、头略向下垂，输氧，对症治疗。还可采用针刺人中、内关、足三里、百会、涌泉等穴位。要补充水分、营养，给克脑迷、氯酯等苏醒剂与 5%~10%葡萄糖水静脉点滴。

（5）对痉挛者的治疗　缺氧引起的痉挛给予吸氧，其他中毒引起的痉挛可用水合氯醛灌肠，肌注苯巴比妥钠或吸入乙醚、氯仿等药物。

(6) 对激动不安者的治疗　用水合氯醛灌肠，服用醚缬草根滴剂可缓解中毒的躁动不安。

(7) 对疼痛者的治疗　对头、肚、关节等疼痛可使用镇痛剂止痛。

(8) 对肺水肿者的治疗　输氧，使用较大剂量肾上腺皮质激素、利尿剂、钙剂、抗菌剂及小量镇静剂。

(9) 对脑水肿者的治疗　输氧、头部用水袋冷敷，用能量合剂、高渗葡萄糖、脱水剂、皮质激素、多种维生素等药物。

第六章　农药安全使用技术

一、处置剩余农药和农药包装物

一是使用农药后剩余农药要妥善保存。施药后未用完的剩余农药，必须严密包封带回家中，并放到专用的家畜、儿童触及不到的安全场所，且不可与其他物品混合存放。不能将剩余的农药喷施到田块里某一点农作物上，以避免农作物产生药害和农药残留超标。二是处理好废弃农药包装物。施药后，空的农药包装袋或包装，应妥善放入事先准备好的塑料袋中带回处理。盛农药的容器应尽可能完全清洗干净，农药废弃包装物既不能作为他用，也不能随意丢弃、掩埋或焚烧，应送相应的农药废弃物回收站，由废物处置中心进行集中处理。

二、注意用药时期和农药安全间隔期

施药要避开敏感作物和作物的敏感期，以防止错过发生最佳时期用药。一般在病虫害发生初期施药，如棉花枯萎病病害发生初期，用杀菌剂灌根防治效果好，甜夜蛾、稻飞虱等一般在低龄幼虫期或卵孵盛期容易防治。农药安全间隔期是作物采收距最后一次施药的间隔天数，也就是说施用一定剂量的农药后必须等待多少天才能采摘。安全间隔期是控制和降低农产品中农药残留的一项关键措施。同一种农药在不同作物上使用，安全间隔期也不一样。

三、掌握施药技术，严格认清农药使用的范围及使用方法

防治效果好坏还取决于施药的质量，即药效的发挥程度和药液均匀的覆盖度。如在喷施杀菌剂、杀虫剂时，药液应该均匀喷到作物上，要注意使植株叶背面、正面都均匀地附着药液。

过量使用或误用将延误防治时期或发生药害，而正确地使用农药可以增加农作物的产量，并可提高品质。因此，在使用农药时应详细认清每种农药的正确使用方法与使用的范围。

四、确定防治对象，对症下药

要根据农作物病、虫害的识别特征，明确防治对象，必要时向当地有经验的农业技术人员请教，做到对症选药。由于农作物病虫害种类繁多，施用的农药品种也较多，当田间出现病、虫害时，首先要根据其危害症状和特征进行确诊，认准病虫害种类，选择好农药、对症下药、合理用药。

五、掌握喷施农药时间，同时注意天气

不要连续多日喷药，并且喷药时间每人每天最好不超过4h。高温、大风天气、下雨时不要施药，不要逆风施药，要始终处于上风位置施药；不能用高毒农药，否则如果药雾飘洒到施药人员身上，易发生污染中毒危险。施药前应事先告知蜂农，施药后做好警示告知无关人员不要靠近或进入施药现场，尤其是放烟施药和熏蒸施药现场，以免被鸟类或其他动物取食。

六、把握用药量及施药次数

一些农民朋友在使用农药时，往往随意增加施药次数、用水量及用药量。其实，按照农药标签规定的用药量和施药次数用药，一般都能达到理想的防治效果。一味加大农药使用剂量和增加施药成本，还会发生农产品农药残留超标和药害情况。因此，应该严格按照农药产品标签规定的施药次数和施药剂量合理用药，并注意合理地轮换使用农药。

七、选好农药品种，掌握适宜的浓度和防治时期

一些农民常在调配药液时任意降低加水倍数，提高浓度，造成农作物发生药害，或在安全的收获期仍含有毒性，如把某种农药施用在敏感的品种或作物上就会出现药害。因此，在选定防治药剂后，还要根据病虫害发生程度和作物的生长期，掌握最佳的防治时期，并严格按照农药包装上注明的使用浓度进行科学配制。

八、禁止乱用农药，避免农药毒性太大引起中毒

农药一般均具有残留性和毒性，施用农药如未达安全采收期后就进行采收，食后会严重影响到人体的健康。在即将采收的作物或蔬菜上应该使用易分解或低毒的农药。

多数农药具有强烈的毒性，因此，应用农药防治病虫害时，必须注意安全使用。还有一些农药挥发性甚大，故在调配农药时应戴口罩及手套，并应用搅拌棒搅拌。田间喷洒农药时要穿戴防护用具。若药液进入眼部应立刻用食盐水冲洗干净，若不慎触及皮肤时应立即冲洗。

九、抵制禁用农药

掌握国家明令禁止使用的甲胺磷、甲基对硫磷、对硫磷、久效磷、磷胺等23种农药以及甲拌磷、甲基异柳磷、特丁硫磷、甲基硫环磷、治螟磷、内吸磷、克百威、涕灭威、灭线磷、环磷、蝇毒磷、地虫硫磷、氯唑磷、苯线磷等14种在蔬菜、果树、茶叶、中草药材上限制使用的农药。在生产中要严格遵守相关规定，限制选用，并积极宣传。

十、施药安全防护注意事项

（1）施药人员应身体健康，经过培训，具备一定植保知识。年老、体弱人员，儿童及孕期、哺乳期妇女不能施药。

（2）检查施药药械是否完好。喷雾器中的药液不要装得太满，以免药液溢漏，污染皮肤和防护衣物；施药场所应备有足够的水、清洗剂、急救药箱、修理工具等。

（3）穿戴防护用品。如手套、口罩、防护服等，防止农药进入眼睛、接触皮肤或吸入体内。施药结束后，应立即脱下防护用品，装入事先准备好的塑料袋中。带回后立即清洗 2~3 遍，晾干存放。

（4）注意施药时的安全。下雨、大风天气、高温时不要施药；要始终处于上风位置施药，不要逆风施药；施药期间不准进食、饮水、吸烟；不要用嘴去吹堵塞的喷头，应用牙签、草秆或水来疏通。

（5）掌握中毒急救知识。如农药溅入眼睛内或皮肤上，及时用大量清水冲洗；如出现头痛、恶心、呕吐等中毒症状，应立即停止作业，脱掉污染衣服，携农药标签到最近的医院就诊。

（6）正确清洗施药器械。施药药械每次用后要洗净，不要在河流、小溪、井边冲洗，以免污染水源。农药废弃包装物严禁作为它用，不能乱丢，要集中存放，妥善处理。

十一、安全贮存

（1）尽量减少贮存量和贮存时间。应根据实际需求量购买农药，避免积压变质和安全隐患。

（2）贮存在安全、合适的场所。少量剩余农药应保存在原包装中，密封贮存于上锁的地方，不得用其他容器盛装，严禁用空饮料瓶分装剩余农药。应贮放在儿童和动物接触不到，且凉爽、干燥、通风、避光的地方。不要与食品、粮食、饲料靠近或混放。不要和种子一起存放。因为农药的挥发物有较强的腐蚀性，农药和种子一起存放，会降低种子的发芽率。

（3）贮存的农药包装上应有完整、牢固、清晰的标签。

附 1：农业部公告禁止使用农药品种清单

为从源头上解决农产品的农药残留超标问题，农业部第 199 号公告规定，要加强甲胺磷等 5 种高毒有机磷农药登记管理，停止受理一批高毒、剧毒农药的登记申请，撤销一批高毒农药在一些作物上的登记，并公布国家明令禁止使用的农药品种清单如下：

（1）国家明令禁止使用的农药：六六六、滴滴涕、毒杀芬、二溴氯丙烷、杀虫脒、二溴乙烷、除草醚、艾氏剂、狄氏剂、汞制剂、砷铅类、敌枯双、氟乙酰胺、甘氟、毒鼠强、氟乙酸钠、毒鼠硅。

（2）在蔬菜、果树、茶叶、中草药材上不得使用和限制使用的农药：甲胺磷、甲基对硫磷、对硫磷、久效磷、磷胺、甲拌磷、基异柳磷、特丁硫磷、甲基硫环磷、治螟磷、内吸磷、克百威、涕灭威、灭线磷、硫环磷、蝇毒磷、地虫硫磷、氯唑磷、苯线磷 19 种高毒农药不得用于蔬菜、果树、茶叶、中草药材上。三氯杀螨醇、氰戊菊酯不得用于茶树上。任何农药产品都不得超出农药登记批准的使用范围使用。

（3）根据《农药管理条例》，严格按照《农药合理使用准则》的要求，在蔬菜生产过程中，科学合理使用农药。

（一）禁止使用农药

1. 有机氯类

六六六、DDT、二溴氯丙烷、三氯杀螨醇、毒杀芬、赛丹等。

2. 有机磷类

甲基对硫磷（甲基 1605）（含复配剂）、对硫磷（1605）（含复配剂）、甲胺磷（含复配剂）、久效磷（含复配剂）、磷胺（含复配剂）、氧化乐果、甲基异柳磷、高渗氧化乐果、增效甲胺磷、水胺硫磷、甲拌磷、克线丹、灭线磷、硫环磷、蝇毒磷、地虫硫磷、特丁硫磷、甲基硫环磷、治螟磷、内吸磷、氯唑磷、苯线磷等。

3. 氨基甲酸酯类

克百威、涕灭威等。

4. 其他农药

杀虫脒、除草醚、二溴乙烷、呋喃丹颗粒剂等。

（二）不提倡使用农药

乙酰甲胺磷（含复配剂）、乐果等。

（三）推荐使用农药及产品

天然之宝、百草一号、灭虫灵、苏阿维、安打、美满、米满、农地乐、除尽、奥绿一号、菜喜、卡死克、抑太保、功夫、敌百虫、兴棉宝、赛波凯、一遍净、高效灭百可、辛硫磷、BT、海正三令、潜克、密达、护地净、菜园等。

（四）无公害农产品禁用农药

（1）六六六、滴滴涕 DDT、毒杀芬、二溴氯丙烷、杀虫脒、二溴乙烷、除草醚、艾氏剂、狄氏剂、汞砷铅制剂、敌枯双、氟乙酰胺、甘氟、毒鼠强、氟乙酸钠、毒鼠硅等农药。

（2）限制使用农药种类根据作物种类不同，安全程度要求不同，对某些农药的使用范围进行进一步的限制，如溴氰菊酯、三氯杀螨醇禁止在茶叶使用，无公害农产品不得使用和限制使用的农药，甲胺磷、甲基对硫磷、对硫磷、久效磷禁用作物蔬菜、果树、茶叶、中草药蔬菜。在粮食作物、经济作物生产中不使用国家禁止施用的农药，是保证无公害农产品的首要措施。国家禁止使用的农药名单如下：敌枯双、滴滴涕、二溴氯丙烷、二溴乙烷、杀虫脒、除草醚、氟乙酰胺、氟乙酸钠、毒鼠强（没鼠命）、甘氟、普特丹、培福朗、菊酯类农药。本省生产无公害稻米、蔬菜等农产品的实际需要出发，又在国家规定禁用农药名单中增加了一些禁用农药名单。禁用农药是：砷酸钙、砷酸铅、甲基胂酸锌（稻脚青）、甲基胂酸铵（田安）、福美甲胂、福美胂、三苯基醋酸锡、三苯基氯化锡、毒菌锡、氯化锡、氯化乙基汞（西力生）、脂酸苯汞、敌枯双、氟化钙、氟化钠、林丹、艾氏剂、狄氏剂、五氯酚钠、氯丹、甲拌磷、乙拌磷、甲胺磷、久效磷、甲基对硫磷、乙基对硫磷、乐果、治螟磷、蝇毒磷、水胺硫磷、磷胺、内吸磷、稻瘟净、克百威（呋喃丹）、涕灭威、所有除虫菊脂类杀虫剂、五氯硝基苯、五氯苯甲醇（稻瘟醇）、苯菌灵（苯莱特）、草枯醚。目前各地正在加强农业行政执法，整顿农药市场，严格禁止这些农药的流通和施用，确保农产品生产安全。

附 2：国家禁用农药和限用农药清单

为从源头上解决农产品尤其是蔬菜、水果、茶叶的农药残留超标问题，农业部在对甲胺磷等 5 种高毒有机磷农药加强登记管理的基础上，又停止受理一批高毒、剧毒农药的登记申请，撤销一批高毒农药在一些作物上的登记。现公布国家明令禁止使用的农药和不得在蔬菜、果树、茶叶、中草药材上使用的高毒农药品种清单。

（1）国家明令禁止使用的农药（18 种）：六六六、滴滴涕、毒杀芬、二溴氯丙烷、杀虫脒、二溴乙烷、除草醚、艾氏剂、狄氏剂、汞制剂、砷类、铅类、敌枯双、氟乙酰胺、甘氟、毒鼠强、氟乙酸钠、毒鼠硅。

（2）在蔬菜、果树、茶叶、中草药材上不得使用的农药（19 种）：甲胺磷、甲基对硫磷、对硫磷、久效磷、磷胺、甲拌磷、甲基异柳磷、特丁硫磷、甲基硫环磷、治螟磷、内吸磷、克百威、涕灭威、灭线磷、环磷、蝇毒磷、地虫硫磷、氯唑磷、苯线磷。

（3）限制使用的农药（2 种）：三氯杀螨醇、氰戊菊酯不得用于茶树上。

此外，任何农药产品都不得超出农药登记批准的使用范围使用。

附 3：限制使用农药名录（2017 版）

——可通过另外办证来获得销售许可

①甲拌磷；②甲基异柳磷；③克百威；④磷化铝；⑤硫丹；⑥氯化苦；⑦灭多威；⑧灭线磷；⑨水胺硫磷；⑩涕灭威；⑪溴甲烷；⑫氧乐果；⑬百草枯；⑭2，4-滴丁酯；⑮C 型肉毒梭菌毒素；⑯D 型肉毒梭菌毒素；⑰溴鼠灵；⑱敌鼠钠盐；⑲杀鼠灵；⑳杀鼠醚；㉑溴敌隆；㉒溴鼠灵；㉓丁硫克百威；㉔丁酰肼；㉕毒死蜱；㉖氟苯虫酰胺；㉗氟虫腈；㉘乐果；㉙氰戊菊酯；㉚三氯杀螨醇；㉛三唑磷；㉜乙酰甲胺磷。

农药植保基础知识复习题

一、单项选择题

1. 病虫害综合防治是将有害生物对农作物的经济损失控制在(　　)。

A. 防止损失发生　　B. 允许范围内

C. 10%内　　D. 对总产量无影响

2. 昆虫触角的(　　)有许多亚节组成。

A. 柄节　　B. 梗节

C. 鞭节　　D. 各节都是

3. 下列害虫中，能在危害部位形成斑点，引起畸形的是(　　)。

A. 蝽象　　B. 蝗虫

C. 黏虫　　D. 梨茎蜂

4. 有些昆虫的雄虫有翅而雌虫无翅，如(　　)。

A. 蝇类　　B. 蝽类

C. 蚧类　　D. 瓢虫类

5. 下列昆虫翅缘有很长的缨毛的是(　　)。

A. 蝉　　B. 蓟马

C. 草蛉　　D. 蛾类

6. 蜜蜂的螫刺由(　　)特化而来。

A. 尾须　　B. 交配器

C. 末端腹节　　D. 产卵器

7. 昆虫体壁的(　　)具有延展性。

A. 上表皮　　B. 外表皮

C. 内表皮　　D. 底膜

8. 下列昆虫属于季节性孤雌生殖的是(　　)。

A. 家蚕　　B. 蜜蜂

C. 蚂蚁　　D. 蚜虫

9. 内寄生蜂的繁殖方式是(　　)。

A. 两性生殖　　B. 单性生殖
C. 多胚生殖　　D. 卵胎生

10. 蝽象的变态类型是(　　)。

A. 全变态　　B. 渐变态
C. 半变态　　D. 过渐变态

11. 昆虫幼虫蜕皮是因为幼虫生长受到(　　)的限制。

A. 体壁　　B. 食物
C. 变态　　D. 温度

12. 下列昆虫的成虫期不需要补充营养的是(　　)。

A. 蝗虫　　B. 蜉蝣
C. 蝽类　　D. 蚜虫

13. 下列昆虫一年中可发生 20~30 代的是(　　)。

A. 星天牛　　B. 蚜虫
C. 黏虫　　D. 天幕毛虫

14. 有效积温法则说明了昆虫的(　　)与温度的关系。

A. 发育速度　　B. 生长速度
C. 种群特性　　D. 生活习性

15. 蚜虫对(　　)反应敏感。

A. 红光　　B. 黄光
C. 绿光　　D. 紫光

16. 一些昆虫以(　　)的出现为信息进入夏眠。

A. 长日照　　B. 短日照
C. 高温　　D. 高湿

17. 下列关于鞘翅目昆虫的描述，错误的是(　　)。

A. 前翅为鞘翅　　B. 不全变态
C. 触角形状多样　　D. 食性多样

18. 下列昆虫不属于鳞翅目的是(　　)。

A. 玉米螟　　B. 黏虫
C. 小地老虎　　D. 吹绵蚧

19. 某一变态昆虫，其成虫与幼虫外部形态完全不同，且生活环境也不同，则称为(　　)。

A. 全变态　　B. 渐变态

C. 半变态　　D. 过渐变态

20. 植物病虫害调查样点的选择和取样数目多少，是由(　　)、病虫种类等决定的。

A. 病虫害严重程度　　B. 田间分布类型

C. 调查类型　　D. 重点病虫

21. 关于农药的助剂的描述不正确的是(　　)。

A. 本身没有生物活性　　B. 能改善剂型的理化性质

C. 可提高药效　　D. 具有杀虫杀菌作用

22. 洗衣粉属于(　　)。

A. 填料　　B. 湿展剂

C. 乳化剂　　D. 溶剂

23. 下列农药具有触杀作用的是(　　)。

A. 辛硫磷　　B. 氧化乐果

C. 对硫磷　　D. 抗蚜威

24. 目前，国内外喷施药液量均向(　　)方向发展。

A. 高容量　　B. 中容量

C. 低容量　　D. 机械化

25. 植物病虫害调查采用(　　)形式记载。

A. 文字　　B. 表格

C. 图片　　D. 公式

26. 对钻蛀性害虫，应掌握在(　　)防治。

A. 卵孵高峰　　B. 三龄前

C. 三龄后　　D. 老熟幼虫

27. 下列药剂属于特异性杀虫剂的是(　　)。

A. 呋喃丹　　B. 敌杀死

C. 氯氰菊酯　　D. 灭幼脲

28. 下列现象中，不属于生理病害的是(　　)。

A. 缺氮引起的植物叶片发黄　B. 冰雹砸损植物
C. 棉花黄萎病　D. 低温引起的冻害

29. 寄主植物被病原物侵染后发病的标志是(　　)。
A. 建立寄生关系　B. 病原物向寄主体内侵入
C. 病原物与寄主接触　D. 寄主出现症状

30. 白粉菌属于真菌的(　　)亚门。
A. 鞭毛菌　B. 子囊菌
C. 担子菌　D. 半知菌

31. 百草枯的作用靶标是(　　)。
A. 抑制芳氨酸的合成　B. 抑制支链氨基酸的合成
C. 抑制核酸的合成　D. 抑制光合作用

32. 下列杀虫剂中，影响昆虫轴突传导的是(　　)。
A. 氯氰菊酯　B. 马拉硫磷
C. 磷化锌　D. 林丹

33. 下列杀菌剂中，防治稻瘟病的农药是(　　)。
A. 多菌灵　B. 三环唑
C. 十三吗啉　D. 萎锈灵

34. 农药急性毒性最常用的指标是(　　)。
A. LD50　B. LC50
C. EC50　D. ED50

35. DDT 和其他有机氯类杀虫剂被禁用的主要原因是(　　)。
A. 药效太低　B. 急性毒性高
C. 三致性　D. 对天敌影响太大

36. 吡虫啉对下列哪类害虫效果差？(　　)。
A. 同翅目害虫　B. 鳞翅目幼虫
C. 半翅目害虫　D. 双翅目害虫

37. 下列各类除草剂中，生物活性最高的是(　　)。
A. 苯氧羧酸类　B. 二苯醚类
C. 磺酰脲类　D. 三氮苯类

38. 下列除草剂中属于触杀型的是(　　)。

A. 2，4-D　　B. 禾草灵
C. 西玛津　　D. 百草枯

39. 下列杀虫剂中具有光解特性的是(　　)。
A. 辛硫磷　　B. 敌敌畏
C. 马拉硫磷　　D. 对硫磷

40. 下列那个产品属于杀菌剂(　　)。
A. 甲霜灵·锰锌　　B. 百草枯
C. 联苯菊酯　　D. 多效唑

41. 杀菌剂用于拌种时，一般用量是种子量的(　　)。
A. 0.1%~0.2%　　B. 0.2%~0.3%
C. 0.2%~0.5%　　D. 0.5%~1%

42. 波尔多液的有效成分是(　　)。
A. 硫酸铜　　B. 氧化钙
C. 碱式硫酸铜　　D. 硫酸钙

43. 按我国农药分级标准，百菌清属于(　　)农药。
A. 剧毒　　B. 高毒
C. 中毒　　D. 低毒

44. 在外部化学治疗中，伤口一般切成(　　)。
A. 三角形　　B. 棱形
C. 梯形　　D. 平行四边形

45. 下列杀菌剂中，影响脂肪酸氧化的是(　　)。
A. 多菌灵　　B. 代森锌
C. 十三吗啉　　D. 萎锈灵

46. 多菌灵对核酸合成的主要影响是(　　)。
A. 形成“掺假的核酸”　　B. 与形成碱基的组分结构相似
C. 阻碍叶酸的合成　　D. 影响核酸的聚合

47. 净蓝是由(　　)复配而成的。
A. 代森锰锌　　B. 甲基硫菌灵
C. 代森锌　　D. 福美双

48. 58%甲霜灵锰锌可防治多种作物的(　　)。

A. 灰霉病　　B. 早疫病
C. 菌核病　　D. 霜霉病

49. 乙铝·多菌灵常用于果树防治(　　)。
A. 斑点病　　B. 锈病
C. 黑穗病　　D. 猝倒病

50. 下列杀菌剂中，影响糖酵解的是(　　)。
A. 铜制剂　　B. 代森锌
C. 十三吗啉　　D. 萎锈灵

51. 百草枯水剂的阳离子有效成分是(　　)。
A. 35%　　B. 15%
C. 20%　　D. 10%

52. 苯醚甲环唑可防治果树的(　　)。
A. 炭疽病　　B. 早疫病
C. 菌核病　　D. 霜霉病

53. 三唑酮常用于防治(　　)。
A. 白粉病　　B. 霜霉病
C. 黑穗病　　D. 猝倒病

54. 代森锰锌可用于防治(　　)。
A. 黄瓜病毒霉　　B. 果树叶斑病
C. 禾谷类作物黑穗病　　D. 瓜类枯萎病

55. 接种体来源施药是植物病害(　　)的最有效措施。
A. 化学保护　　B. 表面化学治疗
C. 内部化学治疗　　D. 化学免疫

56. 无机杀菌剂硫黄主要作用于三羧酸循环中的(　　)过程。
A. 乙酰辅酶 A 和草酰乙酸合成柠檬酸
B. 柠檬酸异构化生成异柠檬酸
C. α-酮戊二酸氧化脱羧生成琥珀酸
D. 琥珀酸生成延胡羧酸

57. 50%多福属于那种剂型农药(　　)。
A. 可湿性粉剂　　B. 乳油

C. 悬浮剂　　　　D. 颗粒剂

58. 多菌灵对(　　)引起的病害无效。

A. 子囊菌　　　　B. 半知菌

C. 细菌　　　　D. 青霉菌

59. 下列除草剂中主要用于油菜田一年生禾本科杂草的是(　　)。

A. 精喹禾灵　　　　B. 咪唑霉

C. 百草枯　　　　D. 草甘膦

60. 下列产品不属于除草剂的是(　　)。

A. 920（赤霉素）　　　　B. 2，4-D

C. 二甲四氯钠　　　　D. 苄嘧磺隆

61. 以下禁止使用的农药是(　　)。

A. 六六粉　　　　B. 苏云金杆菌（B T 乳剂）

C. 粉锈宁　　　　D. 甲基托布津

62. 以下禁止使用的农药是(　　)。

A. 福美胂　　　　B. 井冈霉素

C. 石硫合剂　　　　D. 功夫

63. 以下在果树上限制使用的农药是(　　)。

A. 马拉硫磷　　　　B. 杀螟松

C. 三氯杀螨醇　　　　D. 甲基对硫磷

64. 以下在果树上提倡使用的农药是(　　)。

A. 三氯杀螨醇　　　　B. 甲拌磷

C. 白僵菌　　　　D. 甲基对硫磷

65. 防治地下害虫的一项主要措施是(　　)。

A. 药剂拌种　　　　B. 田间喷药

C. 植物检疫　　　　D. 利用捕食性昆虫

66. 在药液中加适量的洗衣粉其效果(　　)。

A. 提高　　　　B. 降低

C. 一样　　　　D. 以上都对

67. 生产中进行病虫害防治时，幼虫的适宜防治时期应在

(　　)。

A. 高龄时期　　B. 低龄时期

C. 3龄以后　　D. 5龄

68. 害虫为害植物后，在为害部位形成斑点、卷叶等是(　　)口器害虫所致。

A. 咀嚼式　　B. 刺吸式

C. 虹吸式　　D. 舐吸式

69. 防治果树炭疽病可用(　　)防治。

A. 甲霜灵　　B. 苯醚甲环唑

C. 敌敌畏　　D. 功夫

70. 利用黑光灯诱集昆虫，这是根据昆虫习性的(　　)。

A. 假死性　　B. 趋光性

C. 趋化性　　D. 群集性

71. 用糖醋液诱杀黏虫、小地老虎，这是根据昆虫习性的(　　)。

A. 假死性　　B. 趋光性

C. 趋化性　　D. 群集性

72. 用骤然震落的方法加以捕杀害虫，是利用了昆虫的(　　)。

A. 假死性　　B. 趋光性

C. 趋化性　　D. 群集性

73. 植物体内存在某些有毒物质，害虫取食后引起失调或死亡。这是植物的(　　)。

A. 抗选择性（或不选择性）

B. 抗生性

C. 耐害性

D. 耐病性

74. 使用黄板来诱杀果树果实蝇是利用了昆虫的(　　)。

A. 群集性　　B. 趋光性

C. 假死性　　D. 趋色性

75. 危害果树的蓟马的口器是(　　)。

A. 锉吸式　　B. 刺吸式

C. 虹吸式　　D. 舐吸式

76. 生产中防治害虫成虫不适宜的时期是(　　)。

A. 产卵前　　B. 产卵期

C. 产卵后　　D. 卵孵化期

77. 鳞翅目多数为害虫，仅有(　　)是益虫。

A. 玉带凤蝶　　B. 菜粉蝶

C. 家蚕　　D. 弄蝶

78. 可用(　　)防治果树上的金龟子。

A. 甲霜灵　　B. 苯醚甲环唑

C. 百草枯　　D. 毒死蜱

79. 果树上的金龟子在云南省红河州发生的世代数是(　　)。

A. 一年1代　　B. 一年2代

C. 一年3代　　D. 一年3代以上

80. 危害果树的蓟马在云南省红河州发生的世代数是(　　)。

A. 一年5代　　B. 一年7代

C. 一年9代　　D. 一年10代以上

81. 设置黑光灯可诱杀果树上发生的(　　)害虫。

A. 介壳虫　　B. 金龟子

C. 蓟马　　D. 麻皮蝽

82. 果树果实被害后，成凹凸不平的畸形果，受害处变硬味苦的是(　　)。

A. 介壳虫　　B. 金龟子

C. 蓟马　　D. 麻皮蝽

83. 幼虫蛀食树枝，被害果树枝遇风折断或枯死的是(　　)。

A. 蓟马　　B. 舟形毛虫

C. 咖啡木蠹蛾　　D. 麻皮蝽

84. 若虫和雌成虫吸取植物汁液，造成落叶、落果及枝条枯死和树势衰弱，并诱发煤烟病的是(　　)。

A. 介壳虫　　B. 金龟子
C. 舟形毛虫　　D. 麻皮蝽

85. 用啶虫脒能防治以下哪种害虫(　　)。
A. 舟形毛虫　　B. 金龟子
C. 蓟马　　D. 天牛

86. 果树树上(　　)幼虫受惊，有吐丝下垂假死性。
A. 舟形毛虫　　B. 金龟子
C. 蓟马　　D. 天牛

87. 幼虫不能蛀食果树主干及主枝的是(　　)。
A. 天牛　　B. 象甲
C. 咖啡木蠹蛾　　D. 舟形毛虫

88. 除危害果树叶片外，还危害果实，引起果实腐烂的是(　　)。
A. 角斑病　　B. 灰斑病
C. 胡麻色斑点病　　D. 白纹羽病

89. 病原菌侵入果树根部形成层和木质部，造成根系腐烂的是(　　)。
A. 角斑病　　B. 灰斑病
C. 胡麻色斑点病　　D. 白纹羽病

90. 被害果树果实初现淡褐色近圆形小斑，逐渐扩大为暗褐色湿腐状稍凹陷的病斑，有的斑面现轮纹，其上生针头大朱红色黏质小点（病菌分孢盘及分生孢子），严重时致全果腐烂，并干缩成僵果的是(　　)。
A. 炭疽病　　B. 灰斑病
C. 斑点病　　D. 白纹羽病

91. 果树上的灰霉病一般发生在(　　)。
A. 初花期　　B. 盛花期
C. 幼果期　　D. 果实成熟期

92. (　　)对果树上发生的螨类无防治效果。
A. 敌百虫　　B. 阿维菌素

C. 甲维盐　　D. 功夫

93. 下面属于微生物农药的是(　　)。
A. 敌百虫　　B. 阿维菌素
C. 甲维盐　　D. 功夫

94. 下面属于有机磷农药的是(　　)。
A. 功夫　　B. 阿维菌素
C. 甲维盐　　D. 敌百虫

95. 下面属于有机氯农药的是(　　)。
A. 2，4-D　　B. 五氯硝基苯
C. 敌百虫　　D. 百菌清

96. 下面属于有机氮农药的是(　　)。
A. 敌敌畏　　B. 功夫
C. 杀虫双　　D. 毒死蜱

97. 下面属于无机农药的是(　　)。
A. 2，4-D　　B. 920（赤霉酸）
C. 波尔多液　　D. 敌百虫

98. 下列不会引起果树根腐病的是(　　)。
A. 雹灾　　B. 干旱
C. 水涝　　D. 用草甘膦

99. 下面属于保护性杀菌剂的农药是(　　)。
A. 五氯硝基苯　　B. 多菌灵
C. 波尔多液　　D. 甲基硫菌灵

100. 下面可以作为除草剂来使用的农药是(　　)。
A. 920（赤霉酸）　　B. 多效唑
C. 硫酸铜　　D. 2，4-D

101. 一般情况下，农药可通过几种途径吸收，引起(　　)中毒。
A. 皮肤、呼吸道、口　　B. 手、呼吸道、口
C. 脚、皮肤、口

102. 下列现象中不属于植物病害的是(　　)。

A. 由于阳光过强照射而引起的伤害

B. 由于温度过低而造成的冻害

C. 由于风力过大而造成的伤害

D. 由于田间长期积水而造成的涝害

103. 下列哪种产品不是农药。(　　)

A. 老鼠药　　B. 蟑螂药

C. 蚊香　　D. 樟脑

104. 下列哪种产品不属于杀虫剂。(　　)

A. 杀虫双　　B. 敌敌畏

C. 仲丁威　　D. 多效唑

105. 下列哪种产品不属于除草剂。(　　)

A. 草甘膦　　B. 乙草胺

C. 甲磺隆　　D. 井冈霉素

106. 下列哪种产品是植物生长调节剂。(　　)

A. 多效唑　　B. 三唑磷

C. 三环唑　　D. 百草枯

107. 下列哪种农药不是国家禁用农药。(　　)

A. 甲胺磷　　B. 乙酰甲胺磷

C. 久效磷　　D. 对硫磷

108. 下列哪种农药是国家禁用农药。(　　)

A. 磷胺　　B. 磷亚威

C. 林丹　　D. 磷化锌

109. 下列哪种农药属于国家禁用农药。(　　)

A. 1605　　B. 甲基 1605

C. 除草醚　　D. 单甲脒

110. 下列哪种农药是国家禁用农药。(　　)

A. 毒鼠强　　B. 氟虫脲

C. 氟啶胺　　D. 苯酮唑

111. 下列哪种农药是国家禁用农药。(　　)

A. 敌枯双　　B. 杀虫脒

C. 滴滴涕　　D. 啶虫脒

112. 下列哪种农药在蔬菜、果树、茶叶、中草药材上不得使用。(　　)

A. 甲拌磷　　B. 三唑磷

C. 辛硫磷　　D. 乐果

113. 下列现象中，属于植物病害的是(　　)。

A. 感染病毒的郁金香呈现鲜艳杂色花瓣

B. 感染黑粉菌的茭白茎基组织肥大

C. 豆科植物由于根瘤菌的侵入而出现根瘤

D. 蔬菜根部由于根结线虫的侵染而出现根结

114. 绝大多数植物的病害是由(　　)引起的。

A. 真菌　　B. 细菌

C. 病毒　　D. 线虫

115. 农药登记证号的前两位字母 PD 表示该农药已获得(　　)。

A. 分装登记　　B. 原药登记

C. 正式登记　　D. 临时登记

116. 农药登记证号的前两位字母 LS 表示该农药已获得(　　)。

A. 分装登记　　B. 原药登记

C. 正式登记　　D. 临时登记

117. 在农药标签底部加一条与底边平行的红色标志带，表示该农药属(　　)。

A. 除草剂　　B. 杀虫（螨、软体动物）剂

C. 杀菌（线虫）剂　　D. 杀鼠剂

E. 植物生长调节剂

118. 在农药标签底部加一条与底边平行的绿色标志带，表示该农药属(　　)。

A. 除草剂　　B. 杀虫（螨、软体动物）剂

C. 杀菌（线虫）剂　　D. 杀鼠剂

E. 植物生长调节剂

119. 在农药标签底部加一条与底边平行的黑色标志带，表示该农药属(　　)。

A. 除草剂　　B. 杀虫（螨、软体动物）剂

C. 杀菌（线虫）剂　　D. 杀鼠剂

E. 植物生长调节剂

120. 确切地说，子座是真菌的(　　)。

A. 营养体　　B. 繁殖体

C. 菌丝体的变态

121. 国家的植保方针是(　　)。

A. 预报为主，综合防治　　B. 预防为主，防虫治病

C. 预报为主，防虫治病　　D. 预防为主，综合防治

122. 按农药有效成分的化学结构，根据化学命名原则定出的农药名称为(　　)。

A. 化学名称　　B. 代号

C. 商品名称　　D. 通用名称

123. 下列哪个农药是灭生性除草剂(　　)。

A. 草甘膦　　B. 乙草胺

C. 敌草隆　　D. 精喹禾灵

124. 下列哪个产品不属于杀虫剂(　　)。

A. 溴氰菊酯　　B. 乐果

C. 吡虫啉　　D. 百菌清

125. 下列哪个产品是杀菌剂(　　)。

A. 阿维菌素　　B. 甲霜灵·锰锌

C. 氯氰菊酯　　D. 水胺硫磷

126. 下列农药哪个是长残效除草剂(　　)。

A. 2，4-D　　B. 噻吩磺隆

C. 乙草胺　　D. 氟磺胺草醚

127. 在中性和酸性条件下稳定，在碱性条件下易分解的是(　　)。

A. 辛硫磷　　B. 乐果

C. 毒死蜱　　D. 精喹禾灵

128. 下列哪个农药不是国家禁用农药(　　)。

A. 1605　　B. 甲基 1605

C. 除草醚　　D. 丁草胺

129. 下列哪个农药是国家禁用农药(　　)。

A. 毒鼠强　　B. 氟虫脲

C. 氟啶胺　　D. 苯酮唑

130. 常见的农药剂型不包括(　　)。

A. 原药　　B. 乳油

C. 水剂　　D. 油悬浮剂

131. 下列哪种农药在蔬菜、果树、茶叶、中草药材上可以使用(　　)。

A. 甲拌磷　　B. 乐果

C. 甲胺磷　　D. 克百威

132. 下列哪种农药是停止和淘汰使用的除草剂(　　)。

A. 氯嘧磺隆　　B. 莠去津

C. 乙草胺　　D. 噻吩磺隆

133. 下列哪些产品不属于除草剂(　　)。

A. 广灭灵　　B. 乙草胺

C. 氯嘧磺隆　　D. 井冈霉素

134. 在作物体内转换为多菌灵起作用的杀菌剂是：(　　)。

A. 甲基硫菌灵　　B. 恶霉灵

C. 异菌脲

135. 在农药剂型中 ME 表示(　　)。

A. 微乳剂　　B. 乳油

C. 水剂　　D. 悬乳剂

136. 在农药剂型中 SC 表示(　　)。

A. 微乳剂　　B. 乳油

C. 水剂　　D. 悬乳剂

137. 在农药剂型中 AS 表示(　　)。

A. 微乳剂　　B. 乳油

C. 水剂　　D. 悬乳剂

138. 在农药剂型中 WP 表示(　　)。

A. 水分散粒剂　　B. 颗粒剂

C. 可湿性粉剂　　D. 可溶性粉剂

139. 在农药剂型中 WDG 表示(　　)。

A. 水分散粒剂　　B. 颗粒剂

C. 可湿性粉剂　　D. 可溶性粉剂

140. 在农药剂型中 GR 表示(　　)。

A. 水分散粒剂　　B. 颗粒剂

C. 可湿性粉剂　　D. 可溶性粉剂

141. 在农药剂型中 PX 表示(　　)。

A. 水分散粒剂　　B. 颗粒剂

C. 可湿性粉剂　　D. 可溶性粉剂

142. 在通常条件下，下列哪个剂型含有机溶剂的含量最少(　　)。

A. 乳油　　B. 水剂

C. 微乳剂　　D. 悬浮剂

143. 在一天当中，喷洒农药的最佳时段是：(　　)。

A. 上午或下午　　B. 中午阳光直射时

C. 清晨或傍晚　　D. 有风的时候

144. 农药商品名称一般由 2~3 个汉字组成，最多不能超过(　　)个汉字。

A. 4 个　　B. 5 个

C. 6 个　　D. 3 个

145. 拟除虫菊酯类农药的作用机理主要是：(　　)。

A. 胃毒　　B. 触杀

C. 熏蒸　　D. 内吸

146. 下列属于微生物农药的是：(　　)。

A. 赤霉素　　　　　　　　B. 苦楝素

C. 玉米素　　　　　　　　D. 阿维菌素

147. 以下哪个药剂是具有杀虫作用和杀螨作用的药剂？（　　）

A. 赤霉素　　　　　　　　B. 阿维菌素

C. 玉米素　　　　　　　　D. 苦楝素

148. 以下哪个药剂是保护性的杀菌剂？（　　）

A. 咪鲜胺　　　　　　　　B. 丙环唑

C. 三唑酮　　　　　　　　D. 百菌清

149. 最早出现于法国波尔多地区用于防治葡萄霜霉病的药剂是：（　　）。

A. 硫黄　　　　　　　　　B. 波尔多液

C. 腈菌唑　　　　　　　　D. 石硫合剂

150. 斜纹夜蛾、甜菜夜蛾是属于（　　）的害虫。

A. 鳞翅目　　　　　　　　B. 双翅目

C. 同翅目　　　　　　　　D. 鞘翅目

151. 跳甲和金龟子属于（　　）的害虫。

A. 鳞翅目　　　　　　　　B. 双翅目

C. 同翅目　　　　　　　　D. 鞘翅目

152. 斑潜蝇和果实蝇属于（　　）的害虫。

A. 鳞翅目　　　　　　　　B. 双翅目

C. 同翅目　　　　　　　　D. 鞘翅目

153. 蚜虫是属于（　　）的害虫。

A. 鳞翅目　　　　　　　　B. 双翅目

C. 同翅目　　　　　　　　D. 鞘翅目

154. 在夏季高温干旱是最容易上升为害的害虫是（　　）。

A. 斜纹夜蛾　　　　　　　B. 介壳虫

C. 蓟马　　　　　　　　　D. 木虱

155. 金龟子的幼虫叫（　　）。

A. 金龟子　　　　　　　　B. 金针虫

C. 鼻涕虫　　D. 蛴螬

156. 以下是细菌性病害的是(　　)。
A. 芹菜褐斑病　　B. 白菜软腐病
C. 辣椒疫病　　D. 番茄灰霉病

157. 大豆孢囊线虫病的防治方法应以(　　)。
A. 药剂防治为主　　B. 种植抗病品种为主
C. 以栽培为主

158. 以下杀虫剂具有内吸性的是(　　)。
A. 杀虫双　　B. 吡虫啉
C. 敌敌畏　　D. 辛硫磷

159. 以下杀虫剂具有熏蒸作用的是(　　)。
A. 杀虫双　　B. 吡虫啉
C. 敌敌畏　　D. 虫酰肼

160. 以下杀虫剂能够影响害虫蜕皮行为的是(　　)。
A. 杀虫双　　B. 灭幼脲
C. 敌敌畏　　D. 辛硫磷

161. 能够抑制植物生长发育和引起器官脱落的物质。促进休眠，抑制种子萌发的植物生长调节剂是(　　)。
A. 脱落酸类　　B. 赤霉素类
C. 乙烯类　　D. 细胞分裂素类

162. 为害柑橘果实引起“黑皮果”的害虫是(　　)。
A. 蚜虫　　B. 潜叶蛾
C. 瘿螨　　D. 锈蜘蛛

163. 下列哪种农药颜色不够稳定。(　　)
A. 颗粒剂　　B. 悬浮剂
C. 乳油类　　D. 水剂类

164. 敌敌畏乳油的鉴别特征是(　　)。
A. 无色，没有任何气味
B. 无色，具有芳香气味
C. 浅黄色，没有任何气味

D. 浅黄色，具有芳香气味

165. 3%呋喃丹颗粒剂的鉴别特征是(　　)。

A. 棕红色，有刺鼻的硫醇臭味

B. 紫色，有刺鼻的硫醇臭味

C. 棕红色或紫色，无气味

D. 棕红色或紫色，有硫醇臭味

166. 48%乐斯本（毒死蜱）乳油的鉴别特征是(　　)。

A. 草黄色液体，有硫醇臭味

B. 无色液体，有硫醇臭味

C. 草黄色液体，无气味

D. 无色液体，无气味

167. 乳油类农药变质后常发生(　　)。

A. 油、水分离　　B. 沉淀、变色

C. 结晶、变色　　D. 潮解、结块

168. 水剂类农药变质后常发生(　　)。

A. 油、水分离　　B. 沉淀、变色

C. 结晶、变色　　D. 潮解、结块

169. 下列哪些农药是保护性杀菌剂。(　　)

A. 乙蒜素　　B. 三唑酮

C. 多菌灵　　D. 代森锰锌

170. 下列属于治疗性杀菌剂农药是(　　)。

A. 乙蒜素　　B. 百菌清

C. 丙森锌　　D. 代森锰锌

171. 下列属于选择性除草剂的农药是。(　　)

A. 草甘膦　　B. 乙草胺

C. 百草枯　　D. 敌草快

172. 细菌性病害所特有的症状是(　　)。

A. 变色　　B. 颗粒状物

C. 粉状物　　D. 脓状物

173. 下面植物中属于全寄生的是(　　)。

A. 桑寄生　　B. 菟丝子
C. 槲寄生　　D. 玉米

174. 昆虫自卵或幼体离开(　　)到性成熟能产生后代为止的个体发育周期，称为一个世代。
A. 寄住　　B. 越冬场所
C. 母体　　D. 越夏场所

175. 昆虫从当年越冬虫态开始活动起，到第二年越冬结束止的(　　)称为年生活史。
A. 个体发育周期　　B. 发育过程
C. 发育阶段　　D. 发育成熟

176. 杂草是指(　　)。
A. 人们栽培的植物　　B. 草坪
C. 牧草　　D. 自然生长的草本植物

177. 利用鼠夹灭鼠属于(　　)。
A. 化学灭鼠　　B. 物理灭鼠
C. 生物灭鼠　　D. 管理灭鼠

178. 喷药时最好不在(　　)喷。
A. 阴天　　B. 晴天
C. 傍晚　　D. 炎热的中午

179. 氨基甲酸酯类重度中毒症状有呼吸困难、昏迷、(　　)、心肌损伤。
A. 抽风　　B. 抽搭
C. 抽搐　　D. 抽筋

180. 农药名称包括有效成分含量、(　　)、剂型三部分。
A. 药名　　B. 性质
C. 防治对象　　D. 使用方法

二、判断题（对的打“√”，错的打“×”）

1. 有计划地轮换使用农药，可以减缓病、虫、草、鼠的抗药性。　　(　　)

2. 杀虫剂按作用方式分类可分为胃毒剂、触杀剂、内吸剂等。（　）

3. 甲拌磷、甲胺磷、乐果、乙草胺都属于高毒农药。（　）

4. 导致农作物发生药害的主要原因是农药品种选择，使用浓度、使用方法或使用时间等方面不当。（　）

5. 水乳剂有水包油和油包水两种，农药上常用的是油包水型。（　）

6. 种子处理的方法包括浸种、种衣法和拌种。（　）

7. 阿维菌素属于微生物农药类农药，功夫则是菊酯类农药。（　）

8. 农药稀释时可把药液直接倒入水中，这样也可以使药液在水中均匀分散。（　）

9. 农药技术发展的方向是水性化、成型化（粒、片、丸、块）、隐蔽施药、缓释、多功能。（　）

10. 悬浮剂、微乳剂、颗粒剂、水乳剂是未来农药的发展趋势。（　）

11. 石硫合剂、波尔多液、氧氯化铜等都是酸性杀虫剂。（　）

12. 含硫黄和铜的杀菌剂对螨类都有抑制作用。（　）

13. 一米＝10 亿纳米，1 微米＝1000 纳米。（　）

14. 果树缺铁时上部叶片表现为红色。（　）

15. 有机磷类杀虫剂占中国杀虫剂市场的 60%以上份额，占有的比例最大。（　）

16. 波尔多液（碱式硫酸铜），是一种良好的保护剂，霜疫霉菌有特效，重复使用可诱发红蜘蛛的大发生。（　）

17. 植物病害按照发病的原因可分为两种类型：非侵染性病害和侵染性病害。（　）

18. 侵染植物的病原物主要有真菌、细菌、类菌质体、病毒、线虫和寄生性种子植物。（　）

19. 植物病害的病症及类型有：霉状物、粉状物、粒状物、脓

状物。（　）

20. 小菜蛾是一种在蔬菜上为害严重的害虫，能够为害萝卜、甘蓝、大白菜、西红柿、茄子等叶菜和瓜菜。（　）
21. 棉铃虫，顾名思义就是只为害棉花花铃的害虫。（　）
22. 西红柿早疫病和晚疫病都是疫病，只是发生早、晚不同，可以用同样的药剂进行防治。（　）。
23. 锈病和白粉病虽然表现的症状不同，但是它们都可以用同种药剂防治。（　）
24. 稻纵卷叶螟是一种迁飞性的害虫。（　）
25. 水稻纹枯病、水稻条纹叶枯病、水稻白叶枯病都是真菌性病害。（　）
26. 能够传播水稻条纹叶枯病的主要是灰飞虱。（　）
27. 水稻二化螟、三化螟都是水稻上发生严重的害虫，又称为“卷叶虫”。（　）
28. 蓟马是缨翅目的害虫。（　）
29. 螨类不是昆虫，因为它有八条腿。（　）
30. 昆虫自卵中孵出后，随着生长，要重新形成新表皮，而将旧表皮脱掉，这个过程叫“脱皮”，脱下的旧表皮叫“蜕”。（　）
31. 通常寄生强的病原物对寄主组织的直接破坏较大。（　）

第三部分　技能实训

第一篇　农药品种的识别与配制

一、农药品种的识别

通过现场实训，使学生熟练辨别常见的杀虫剂、杀菌剂、杀线虫剂和除草剂的种类、剂型，以及使用方法。

二、农药配制

除少数可以直接使用的农药制剂外，一般农药在使用前都要经过配制才能施用。农药的配制就是把商品农药配制成可以施用的状态。例如：乳油、可湿性粉剂等本身不能直接施用，必须兑水稀释成所需要浓度的药液才能喷施。或与细土（砂）拌匀成毒土撒施。

配制农药一般要经过农药和配料取用量的计算、量取、混合几个步骤。正确地配制农药是安全、合理使用农药的一个重要环节。

（一）准确计算农药和配料的取用量

农药制剂取用量要根据其制剂有效成分的百分含量、单位面积的有效成分用量和施药面积来计算。商品农药的标签和说明书中一般均标明了制剂的有效成分含量、单位面积上有效成分用量，有的还标明了制剂用量或稀释倍数。所以，要准确计算农药制剂和配料取用量，首先要仔细、认真阅读农药标签和说明书。目前，我国市场上流通的农药都办理了登记，其标签和说明书经过了审查，是可靠的。

配制农药通常用水来稀释，兑水量要根据农药制剂、有效成分含量、施药器械和植株大小而定，除非十分有经验，一般应按照农药标签上的要求或请教农业技术人员，切不要自作主张，以免兑水过多，浓度过低，达不到防治效果；或兑水过少，浓度过高，对作物产生药害，尤其用量少、活性高的除草剂应特别注意。

(二) 安全、准确地配制农药

计算出药剂取用量和配料用量后，要严格按照需要的量来量取或称取。液体药要用有刻度的量具，固体药要用秤称量。量取好药和配料后，要在专用的容器里混匀。混匀时，要用工具搅拌，不得用手。由于配制农药时接触的是农药制剂，有些制剂有效成分相当高，引起中毒的危险性大。所以在配制时要特别注意。为了准确、安全地进行农药配制，应注意以下几点：

(1) 不能用瓶盖倒药或用饮水桶配药；不能用手伸入药液或粉剂中搅拌。

(2) 在开启农药包装、称量配制时，操作人员应戴手套等防护器具。

(3) 配制人员必须掌握必要技术和熟悉所用农药性能。

(4) 孕妇、哺乳期妇女不能参与配药和施药。

(5) 配制农药应在远离住宅区、牲畜栏和水源的场所进行，药剂随配随用。开装后余下的农药应封闭在原包装内，不得转移到其他包装中（如喝水用的瓶子或盛食品的器具）。

(6) 配药器械一般要求专用，每次用后要洗净。不得在井边冲洗。

(7) 少数剩余和不要的农药应埋入地坑中。

(8) 处理粉剂和可湿性粉剂时要小心，以防止粉尘飞扬。如果要倒完整袋可湿性粉剂，应将口袋开口处尽量接近水面，站在上风处，让粉尘随风吹走。

(9) 喷雾器不要装水太满，以免药液泄漏，当天配好的药剂应当天用完。

第二篇　3～5种当地产业发展作物主要病虫害的诊断与防治

作物病虫害的田间诊断，主要是根据病虫害的田间观察，通过对作物有无患病症状、症状的特征及田间环境状况的仔细观察和分析，初步确定其发病原因的实践，是搞好作物病虫害防治的前提。只有准确的诊断，才能有的放矢，对症下药，从而收到预期的防治效果。

第四部分
相关法规和规范性文件

第一篇 农药管理条例

（1997年5月8日中华人民共和国国务院令第216号发布 根据2001年11月29日《国务院关于修改〈农药管理条例〉的决定》修订 2017年2月8日国务院第164次常务会议修订通过）

第一章 总 则

第一条 为了加强农药管理，保证农药质量，保障农产品质量安全和人畜安全，保护农业、林业生产和生态环境，制定本条例。

第二条 本条例所称农药，是指用于预防、控制危害农业、林业的病、虫、草、鼠和其他有害生物以及有目的地调节植物、昆虫生长的化学合成或者来源于生物、其他天然物质的一种物质或者几种物质的混合物及其制剂。

前款规定的农药包括用于不同目的、场所的下列各类：

（一）预防、控制危害农业、林业的病、虫（包括昆虫、蜱、螨）、草、鼠、软体动物和其他有害生物；

（二）预防、控制仓储以及加工场所的病、虫、鼠和其他有害生物；

（三）调节植物、昆虫生长；

（四）农业、林业产品防腐或者保鲜；

（五）预防、控制蚊、蝇、蜚蠊、鼠和其他有害生物；

（六）预防、控制危害河流堤坝、铁路、码头、机场、建筑物和其他场所的有害生物。

第三条 国务院农业主管部门负责全国的农药监督管理工

作。

县级以上地方人民政府农业主管部门负责本行政区域的农药监督管理工作。

县级以上人民政府其他有关部门在各自职责范围内负责有关的农药监督管理工作。

第四条 县级以上地方人民政府应当加强对农药监督管理工作的组织领导，将农药监督管理经费列入本级政府预算，保障农药监督管理工作的开展。

第五条 农药生产企业、农药经营者应当对其生产、经营的农药的安全性、有效性负责，自觉接受政府监管和社会监督。

农药生产企业、农药经营者应当加强行业自律，规范生产、经营行为。

第六条 国家鼓励和支持研制、生产、使用安全、高效、经济的农药，推进农药专业化使用，促进农药产业升级。

对在农药研制、推广和监督管理等工作中做出突出贡献的单位和个人，按照国家有关规定予以表彰或者奖励。

第二章　农药登记

第七条 国家实行农药登记制度。农药生产企业、向中国出口农药的企业应当依照本条例的规定申请农药登记，新农药研制者可以依照本条例的规定申请农药登记。

国务院农业主管部门所属的负责农药检定工作的机构负责农药登记具体工作。省、自治区、直辖市人民政府农业主管部门所属的负责农药检定工作的机构协助做好本行政区域的农药登记具体工作。

第八条 国务院农业主管部门组织成立农药登记评审委员会，负责农药登记评审。

农药登记评审委员会由下列人员组成：

（一）国务院农业、林业、卫生、环境保护、粮食、工业行业管理、安全生产监督管理等有关部门和供销合作总社等单位推荐的农药产品化学、药效、毒理、残留、环境、质量标准和检测等方面的专家；

（二）国家食品安全风险评估专家委员会的有关专家；

（三）国务院农业、林业、卫生、环境保护、粮食、工业行业管理、安全生产监督管理等有关部门和供销合作总社等单位的代表。

农药登记评审规则由国务院农业主管部门制定。

第九条 申请农药登记的，应当进行登记试验。

农药的登记试验应当报所在地省、自治区、直辖市人民政府农业主管部门备案。

新农药的登记试验应当向国务院农业主管部门提出申请。国务院农业主管部门应当自受理申请之日起40个工作日内对试验的安全风险及其防范措施进行审查，符合条件的，准予登记试验；不符合条件的，书面通知申请人并说明理由。

第十条 登记试验应当由国务院农业主管部门认定的登记试验单位按照国务院农业主管部门的规定进行。

与已取得中国农药登记的农药组成成分、使用范围和使用方法相同的农药，免予残留、环境试验，但已取得中国农药登记的农药依照本条例第十五条的规定在登记资料保护期内的，应当经农药登记证持有人授权同意。

登记试验单位应当对登记试验报告的真实性负责。

第十一条 登记试验结束后，申请人应当向所在地省、自治区、直辖市人民政府农业主管部门提出农药登记申请，并提交登记试验报告、标签样张和农药产品质量标准及其检验方法等申请资料；申请新农药登记的，还应当提供农药标准品。

省、自治区、直辖市人民政府农业主管部门应当自受理申请之日起20个工作日内提出初审意见，并报送国务院农业主管部门。

向中国出口农药的企业申请农药登记的，应当持本条第一款规定的资料、农药标准品以及在有关国家（地区）登记、使用的证明材料，向国务院农业主管部门提出申请。

第十二条 国务院农业主管部门受理申请或者收到省、自治区、直辖市人民政府农业主管部门报送的申请资料后，应当组织审查和登记评审，并自收到评审意见之日起20个工作日内做出审批决定，符合条件的，核发农药登记证；不符合条件的，书面通知申请人并说明理由。

第十三条 农药登记证应当载明农药名称、剂型、有效成分及其含量、毒性、使用范围、使用方法和剂量、登记证持有人、登记证号以及有效期等事项。

农药登记证有效期为5年。有效期届满，需要继续生产农药或者向中国出口农药的，农药登记证持有人应当在有效期届满90日前向国务院农业主管部门申请延续。

农药登记证载明事项发生变化的，农药登记证持有人应当按照国务院农业主管部门的规定申请变更农药登记证。

国务院农业主管部门应当及时公告农药登记证核发、延续、变更情况以及有关的农药产品质量标准号、残留限量规定、检验方法、经核准的标签等信息。

第十四条 新农药研制者可以转让其已取得登记的新农药的登记资料；农药生产企业可以向具有相应生产能力的农药生产企业转让其已取得登记的农药的登记资料。

第十五条 国家对取得首次登记的、含有新化合物的农药的申请人提交的其自己所取得且未披露的试验数据和其他数据实施保护。

自登记之日起6年内，对其他申请人未经已取得登记的申请人同意，使用前款规定的数据申请农药登记的，登记机关不予登记；但是，其他申请人提交其自己所取得的数据的除外。

除下列情况外，登记机关不得披露本条第一款规定的数据：

（一）公共利益需要；

（二）已采取措施确保该类信息不会被不正当地进行商业使用。

第三章 农药生产

第十六条 农药生产应当符合国家产业政策。国家鼓励和支持农药生产企业采用先进技术和先进管理规范，提高农药的安全性、有效性。

第十七条 国家实行农药生产许可制度。农药生产企业应当具备下列条件，并按照国务院农业主管部门的规定向省、自治区、直辖市人民政府农业主管部门申请农药生产许可证：

（一）有与所申请生产农药相适应的技术人员；

（二）有与所申请生产农药相适应的厂房、设施；

（三）有对所申请生产农药进行质量管理和质量检验的人员、仪器和设备；

（四）有保证所申请生产农药质量的规章制度。

省、自治区、直辖市人民政府农业主管部门应当自受理申请之日起20个工作日内做出审批决定，必要时应当进行实地核查。符合条件的，核发农药生产许可证；不符合条件的，书面通知申请人并说明理由。

安全生产、环境保护等法律、行政法规对企业生产条件有其他规定的，农药生产企业还应当遵守其规定。

第十八条 农药生产许可证应当载明农药生产企业名称、住所、法定代表人（负责人）、生产范围、生产地址以及有效期等事项。

农药生产许可证有效期为5年。有效期届满，需要继续生产农药的，农药生产企业应当在有效期届满90日前向省、自治区、直辖市人民政府农业主管部门申请延续。

农药生产许可证载明事项发生变化的，农药生产企业应当按照国务院农业主管部门的规定申请变更农药生产许可证。

第十九条 委托加工、分装农药的，委托人应当取得相应的农药登记证，受托人应当取得农药生产许可证。

委托人应当对委托加工、分装的农药质量负责。

第二十条 农药生产企业采购原材料，应当查验产品质量检验合格证和有关许可证明文件，不得采购、使用未依法附具产品质量检验合格证、未依法取得有关许可证明文件的原材料。

农药生产企业应当建立原材料进货记录制度，如实记录原材料的名称、有关许可证明文件编号、规格、数量、供货人名称及其联系方式、进货日期等内容。原材料进货记录应当保存2年以上。

第二十一条 农药生产企业应当严格按照产品质量标准进行生产，确保农药产品与登记农药一致。农药出厂销售，应当经质量检验合格并附具产品质量检验合格证。

农药生产企业应当建立农药出厂销售记录制度，如实记录农药的名称、规格、数量、生产日期和批号、产品质量检验信息、购货人名称及其联系方式、销售日期等内容。农药出厂销售记录应当保存2年以上。

第二十二条 农药包装应当符合国家有关规定，并印制或者贴有标签。国家鼓励农药生产企业使用可回收的农药包装材料。

农药标签应当按照国务院农业主管部门的规定，以中文标注农药的名称、剂型、有效成分及其含量、毒性及其标识、使用范围、使用方法和剂量、使用技术要求和注意事项、生产日期、可追溯电子信息码等内容。

剧毒、高毒农药以及使用技术要求严格的其他农药等限制使用农药的标签还应当标注“限制使用”字样，并注明使用的特别限制和特殊要求。用于食用农产品的农药的标签还应当标注安全间隔期。

第二十三条 农药生产企业不得擅自改变经核准的农药的标签内容，不得在农药的标签中标注虚假、误导使用者的内容。

农药包装过小，标签不能标注全部内容的，应当同时附具说明书，说明书的内容应当与经核准的标签内容一致。

第四章 农药经营

第二十四条 国家实行农药经营许可制度，但经营卫生用农药的除外。农药经营者应当具备下列条件，并按照国务院农业主管部门的规定向县级以上地方人民政府农业主管部门申请农药经营许可证：

（一）有具备农药和病虫害防治专业知识，熟悉农药管理规定，能够指导安全合理使用农药的经营人员；

（二）有与其他商品以及饮用水水源、生活区域等有效隔离的营业场所和仓储场所，并配备与所申请经营农药相适应的防护设施；

（三）有与所申请经营农药相适应的质量管理、台账记录、安全防护、应急处置、仓储管理等制度。

经营限制使用农药的，还应当配备相应的用药指导和病虫害防治专业技术人员，并按照所在地省、自治区、直辖市人民政府农业主管部门的规定实行定点经营。

县级以上地方人民政府农业主管部门应当自受理申请之日起 20 个工作日内做出审批决定。符合条件的，核发农药经营许可证；不符合条件的，书面通知申请人并说明理由。

第二十五条 农药经营许可证应当载明农药经营者名称、住所、负责人、经营范围以及有效期等事项。

农药经营许可证有效期为 5 年。有效期届满，需要继续经营农药的，农药经营者应当在有效期届满 90 日前向发证机关申请延续。

农药经营许可证载明事项发生变化的，农药经营者应当按照国务院农业主管部门的规定申请变更农药经营许可证。

取得农药经营许可证的农药经营者设立分支机构的，应当依法申请变更农药经营许可证，并向分支机构所在地县级以上地方人民政府农业主管部门备案，其分支机构免予办理农药经营许可证。农药经营者应当对其分支机构的经营活动负责。

第二十六条　农药经营者采购农药应当查验产品包装、标签、产品质量检验合格证以及有关许可证明文件，不得向未取得农药生产许可证的农药生产企业或者未取得农药经营许可证的其他农药经营者采购农药。

农药经营者应当建立采购台账，如实记录农药的名称、有关许可证明文件编号、规格、数量、生产企业和供货人名称及其联系方式、进货日期等内容。采购台账应当保存2年以上。

第二十七条　农药经营者应当建立销售台账，如实记录销售农药的名称、规格、数量、生产企业、购买人、销售日期等内容。销售台账应当保存2年以上。

农药经营者应当向购买人询问病虫害发生情况并科学推荐农药，必要时应当实地查看病虫害发生情况，并正确说明农药的使用范围、使用方法和剂量、使用技术要求和注意事项，不得误导购买人。

经营卫生用农药的，不适用本条第一款、第二款的规定。

第二十八条　农药经营者不得加工、分装农药，不得在农药中添加任何物质，不得采购、销售包装和标签不符合规定，未附具产品质量检验合格证，未取得有关许可证明文件的农药。

经营卫生用农药的，应当将卫生用农药与其他商品分柜销售；经营其他农药的，不得在农药经营场所内经营食品、食用农产品、饲料等。

第二十九条　境外企业不得直接在中国销售农药。境外企业在中国销售农药的，应当依法在中国设立销售机构或者委托符合条件的中国代理机构销售。

向中国出口的农药应当附具中文标签、说明书，符合产品质量标准，并经出入境检验检疫部门依法检验合格。禁止进口未取得农药登记证的农药。

办理农药进出口海关申报手续，应当按照海关总署的规定出示相关证明文件。

第五章　农药使用

第三十条　县级以上人民政府农业主管部门应当加强农药使用指导、服务工作，建立健全农药安全、合理使用制度，并按照预防为主、综合防治的要求，组织推广农药科学使用技术，规范农药使用行为。林业、粮食、卫生等部门应当加强对林业、储粮、卫生用农药安全、合理使用的技术指导，环境保护主管部门应当加强对农药使用过程中环境保护和污染防治的技术指导。

第三十一条　县级人民政府农业主管部门应当组织植物保护、农业技术推广等机构向农药使用者提供免费技术培训，提高农药安全、合理使用水平。

国家鼓励农业科研单位、有关学校、农民专业合作社、供销合作社、农业社会化服务组织和专业人员为农药使用者提供技术服务。

第三十二条　国家通过推广生物防治、物理防治、先进施药器械等措施，逐步减少农药使用量。

县级人民政府应当制定并组织实施本行政区域的农药减量计划；对实施农药减量计划、自愿减少农药使用量的农药使用者，给予鼓励和扶持。

县级人民政府农业主管部门应当鼓励和扶持设立专业化病虫害防治服务组织，并对专业化病虫害防治和限制使用农药的配药、用药进行指导、规范和管理，提高病虫害防治水平。

县级人民政府农业主管部门应当指导农药使用者有计划地轮换使用农药，减缓危害农业、林业的病、虫、草、鼠和其他有害生物的抗药性。

乡、镇人民政府应当协助开展农药使用指导、服务工作。

第三十三条 农药使用者应当遵守国家有关农药安全、合理使用制度，妥善保管农药，并在配药、用药过程中采取必要的防护措施，避免发生农药使用事故。

限制使用农药的经营者应当为农药使用者提供用药指导，并逐步提供统一用药服务。

第三十四条 农药使用者应当严格按照农药的标签标注的使用范围、使用方法和剂量、使用技术要求和注意事项使用农药，不得扩大使用范围、加大用药剂量或者改变使用方法。

农药使用者不得使用禁用的农药。

标签标注安全间隔期的农药，在农产品收获前应当按照安全间隔期的要求停止使用。

剧毒、高毒农药不得用于防治卫生害虫，不得用于蔬菜、瓜果、茶叶、菌类、中草药材的生产，不得用于水生植物的病虫害防治。

第三十五条 农药使用者应当保护环境，保护有益生物和珍稀物种，不得在饮用水水源保护区、河道内丢弃农药、农药包装物或者清洗施药器械。

严禁在饮用水水源保护区内使用农药，严禁使用农药毒鱼、虾、鸟、兽等。

第三十六条 农产品生产企业、食品和食用农产品仓储企业、专业化病虫害防治服务组织和从事农产品生产的农民专业合作社等应当建立农药使用记录，如实记录使用农药的时间、地点、对象以及农药名称、用量、生产企业等。农药使用记录应当保存 2 年以上。

国家鼓励其他农药使用者建立农药使用记录。

第三十七条 国家鼓励农药使用者妥善收集农药包装物等

废弃物；农药生产企业、农药经营者应当回收农药废弃物，防止农药污染环境和农药中毒事故的发生。具体办法由国务院环境保护主管部门会同国务院农业主管部门、国务院财政部门等部门制定。

第三十八条 发生农药使用事故，农药使用者、农药生产企业、农药经营者和其他有关人员应当及时报告当地农业主管部门。

接到报告的农业主管部门应当立即采取措施，防止事故扩大，同时通知有关部门采取相应措施。造成农药中毒事故的，由农业主管部门和公安机关依照职责权限组织调查处理，卫生主管部门应当按照国家有关规定立即对受到伤害的人员组织医疗救治；造成环境污染事故的，由环境保护等有关部门依法组织调查处理；造成储粮药剂使用事故和农作物药害事故的，分别由粮食、农业等部门组织技术鉴定和调查处理。

第三十九条 因防治突发重大病虫害等紧急需要，国务院农业主管部门可以决定临时生产、使用规定数量的未取得登记或者禁用、限制使用的农药，必要时应当会同国务院对外贸易主管部门决定临时限制出口或者临时进口规定数量、品种的农药。

前款规定的农药，应当在使用地县级人民政府农业主管部门的监督和指导下使用。

第六章 监督管理

第四十条 县级以上人民政府农业主管部门应当定期调查统计农药生产、销售、使用情况，并及时通报本级人民政府有关部门。

县级以上地方人民政府农业主管部门应当建立农药生产、经营诚信档案并予以公布；发现违法生产、经营农药的行为涉嫌犯罪的，应当依法移送公安机关查处。

第四十一条　县级以上人民政府农业主管部门履行农药监督管理职责，可以依法采取下列措施：

（一）进入农药生产、经营、使用场所实施现场检查；

（二）对生产、经营、使用的农药实施抽查检测；

（三）向有关人员调查了解有关情况；

（四）查阅、复制合同、票据、账簿以及其他有关资料；

（五）查封、扣押违法生产、经营、使用的农药，以及用于违法生产、经营、使用农药的工具、设备、原材料等；

（六）查封违法生产、经营、使用农药的场所。

第四十二条　国家建立农药召回制度。农药生产企业发现其生产的农药对农业、林业、人畜安全、农产品质量安全、生态环境等有严重危害或者较大风险的，应当立即停止生产，通知有关经营者和使用者，向所在地农业主管部门报告，主动召回产品，并记录通知和召回情况。

农药经营者发现其经营的农药有前款规定的情形的，应当立即停止销售，通知有关生产企业、供货人和购买人，向所在地农业主管部门报告，并记录停止销售和通知情况。

农药使用者发现其使用的农药有本条第一款规定的情形的，应当立即停止使用，通知经营者，并向所在地农业主管部门报告。

第四十三条　国务院农业主管部门和省、自治区、直辖市人民政府农业主管部门应当组织负责农药检定工作的机构、植物保护机构对已登记农药的安全性和有效性进行监测。

发现已登记农药对农业、林业、人畜安全、农产品质量安全、生态环境等有严重危害或者较大风险的，国务院农业主管部门应当组织农药登记评审委员会进行评审，根据评审结果撤销、变更相应的农药登记证，必要时应当决定禁用或者限制使用并予以公告。

第四十四条　有下列情形之一的，认定为假农药：

（一）以非农药冒充农药；

（二）以此种农药冒充他种农药；

（三）农药所含有效成分种类与农药的标签、说明书标注的有效成分不符。

禁用的农药，未依法取得农药登记证而生产、进口的农药，以及未附具标签的农药，按照假农药处理。

第四十五条 有下列情形之一的，认定为劣质农药：

（一）不符合农药产品质量标准；

（二）混有导致药害等有害成分。

超过农药质量保证期的农药，按照劣质农药处理。

第四十六条 假农药、劣质农药和回收的农药废弃物等应当交由具有危险废物经营资质的单位集中处置，处置费用由相应的农药生产企业、农药经营者承担；农药生产企业、农药经营者不明确的，处置费用由所在地县级人民政府财政列支。

第四十七条 禁止伪造、变造、转让、出租、出借农药登记证、农药生产许可证、农药经营许可证等许可证明文件。

第四十八条 县级以上人民政府农业主管部门及其工作人员和负责农药检定工作的机构及其工作人员，不得参与农药生产、经营活动。

第七章　法律责任

第四十九条 县级以上人民政府农业主管部门及其工作人员有下列行为之一的，由本级人民政府责令改正；对负有责任的领导人员和直接责任人员，依法给予处分；负有责任的领导人员和直接责任人员构成犯罪的，依法追究刑事责任：

（一）不履行监督管理职责，所辖行政区域的违法农药生产、经营活动造成重大损失或者恶劣社会影响；

（二）对不符合条件的申请人准予许可或者对符合条件的申请人拒不准予许可；

（三）参与农药生产、经营活动；

（四）有其他徇私舞弊、滥用职权、玩忽职守行为。

第五十条 农药登记评审委员会组成人员在农药登记评审中谋取不正当利益的，由国务院农业主管部门从农药登记评审委员会除名；属于国家工作人员的，依法给予处分；构成犯罪的，依法追究刑事责任。

第五十一条 登记试验单位出具虚假登记试验报告的，由省、自治区、直辖市人民政府农业主管部门没收违法所得，并处5万元以上10万元以下罚款；由国务院农业主管部门从登记试验单位中除名，5年内不再受理其登记试验单位认定申请；构成犯罪的，依法追究刑事责任。

第五十二条 未取得农药生产许可证生产农药或者生产假农药的，由县级以上地方人民政府农业主管部门责令停止生产，没收违法所得、违法生产的产品和用于违法生产的工具、设备、原材料等，违法生产的产品货值金额不足1万元的，并处5万元以上10万元以下罚款，货值金额1万元以上的，并处货值金额10倍以上20倍以下罚款，由发证机关吊销农药生产许可证和相应的农药登记证；构成犯罪的，依法追究刑事责任。

取得农药生产许可证的农药生产企业不再符合规定条件继续生产农药的，由县级以上地方人民政府农业主管部门责令限期整改；逾期拒不整改或者整改后仍不符合规定条件的，由发证机关吊销农药生产许可证。

农药生产企业生产劣质农药的，由县级以上地方人民政府农业主管部门责令停止生产，没收违法所得、违法生产的产品和用于违法生产的工具、设备、原材料等，违法生产的产品货值金额不足1万元的，并处1万元以上5万元以下罚款，货值金额1万元以上的，并处货值金额5倍以上10倍以下罚款；情节严重的，由发证机关吊销农药生产许可证和相应的农药登记证；构成犯罪的，依法追究刑事责任。

委托未取得农药生产许可证的受托人加工、分装农药，或者委托加工、分装假农药、劣质农药的，对委托人和受托人均依照本条第一款、第三款的规定处罚。

第五十三条 农药生产企业有下列行为之一的，由县级以上地方人民政府农业主管部门责令改正，没收违法所得、违法生产的产品和用于违法生产的原材料等，违法生产的产品货值金额不足 1 万元的，并处 1 万元以上 2 万元以下罚款，货值金额 1 万元以上的，并处货值金额 2 倍以上 5 倍以下罚款；拒不改正或者情节严重的，由发证机关吊销农药生产许可证和相应的农药登记证：

（一）采购、使用未依法附具产品质量检验合格证、未依法取得有关许可证明文件的原材料；

（二）出厂销售未经质量检验合格并附具产品质量检验合格证的农药；

（三）生产的农药包装、标签、说明书不符合规定；

（四）不召回依法应当召回的农药。

第五十四条 农药生产企业不执行原材料进货、农药出厂销售记录制度，或者不履行农药废弃物回收义务的，由县级以上地方人民政府农业主管部门责令改正，处 1 万元以上 5 万元以下罚款；拒不改正或者情节严重的，由发证机关吊销农药生产许可证和相应的农药登记证。

第五十五条 农药经营者有下列行为之一的，由县级以上地方人民政府农业主管部门责令停止经营，没收违法所得、违法经营的农药和用于违法经营的工具、设备等，违法经营的农药货值金额不足 1 万元的，并处 5000 元以上 5 万元以下罚款，货值金额 1 万元以上的，并处货值金额 5 倍以上 10 倍以下罚款；构成犯罪的，依法追究刑事责任：

（一）违反本条例规定，未取得农药经营许可证经营农药；

（二）经营假农药；

（三）在农药中添加物质。

有前款第二项、第三项规定的行为，情节严重的，还应当由发证机关吊销农药经营许可证。

取得农药经营许可证的农药经营者不再符合规定条件继续经营农药的，由县级以上地方人民政府农业主管部门责令限期整改；逾期拒不整改或者整改后仍不符合规定条件的，由发证机关吊销农药经营许可证。

第五十六条　农药经营者经营劣质农药的，由县级以上地方人民政府农业主管部门责令停止经营，没收违法所得、违法经营的农药和用于违法经营的工具、设备等，违法经营的农药货值金额不足 1 万元的，并处 2000 元以上 2 万元以下罚款，货值金额 1 万元以上的，并处货值金额 2 倍以上 5 倍以下罚款；情节严重的，由发证机关吊销农药经营许可证；构成犯罪的，依法追究刑事责任。

第五十七条　农药经营者有下列行为之一的，由县级以上地方人民政府农业主管部门责令改正，没收违法所得和违法经营的农药，并处 5000 元以上 5 万元以下罚款；拒不改正或者情节严重的，由发证机关吊销农药经营许可证：

（一）设立分支机构未依法变更农药经营许可证，或者未向分支机构所在地县级以上地方人民政府农业主管部门备案；

（二）向未取得农药生产许可证的农药生产企业或者未取得农药经营许可证的其他农药经营者采购农药；

（三）采购、销售未附具产品质量检验合格证或者包装、标签不符合规定的农药；

（四）不停止销售依法应当召回的农药。

第五十八条　农药经营者有下列行为之一的，由县级以上地方人民政府农业主管部门责令改正；拒不改正或者情节严重的，处 2000 元以上 2 万元以下罚款，并由发证机关吊销农药经营许可证：

（一）不执行农药采购台账、销售台账制度；

（二）在卫生用农药以外的农药经营场所内经营食品、食用农产品、饲料等；

（三）未将卫生用农药与其他商品分柜销售；

（四）不履行农药废弃物回收义务。

第五十九条 境外企业直接在中国销售农药的，由县级以上地方人民政府农业主管部门责令停止销售，没收违法所得、违法经营的农药和用于违法经营的工具、设备等，违法经营的农药货值金额不足5万元的，并处5万元以上50万元以下罚款，货值金额5万元以上的，并处货值金额10倍以上20倍以下罚款，由发证机关吊销农药登记证。

取得农药登记证的境外企业向中国出口劣质农药情节严重或者出口假农药的，由国务院农业主管部门吊销相应的农药登记证。

第六十条 农药使用者有下列行为之一的，由县级人民政府农业主管部门责令改正，农药使用者为农产品生产企业、食品和食用农产品仓储企业、专业化病虫害防治服务组织和从事农产品生产的农民专业合作社等单位的，处5万元以上10万元以下罚款，农药使用者为个人的，处1万元以下罚款；构成犯罪的，依法追究刑事责任：

（一）不按照农药的标签标注的使用范围、使用方法和剂量、使用技术要求和注意事项、安全间隔期使用农药；

（二）使用禁用的农药；

（三）将剧毒、高毒农药用于防治卫生害虫，用于蔬菜、瓜果、茶叶、菌类、中草药材生产或者用于水生植物的病虫害防治；

（四）在饮用水水源保护区内使用农药；

（五）使用农药毒鱼、虾、鸟、兽等；

（六）在饮用水水源保护区、河道内丢弃农药、农药包装物或者清洗施药器械。

有前款第二项规定的行为的，县级人民政府农业主管部门还应当没收禁用的农药。

第六十一条 农产品生产企业、食品和食用农产品仓储企业、专业化病虫害防治服务组织和从事农产品生产的农民专业合作社等不执行农药使用记录制度的，由县级人民政府农业主管部门责令改正；拒不改正或者情节严重的，处 2000 元以上 2 万元以下罚款。

第六十二条 伪造、变造、转让、出租、出借农药登记证、农药生产许可证、农药经营许可证等许可证明文件的，由发证机关收缴或者予以吊销，没收违法所得，并处 1 万元以上 5 万元以下罚款；构成犯罪的，依法追究刑事责任。

第六十三条 未取得农药生产许可证生产农药，未取得农药经营许可证经营农药，或者被吊销农药登记证、农药生产许可证、农药经营许可证的，其直接负责的主管人员 10 年内不得从事农药生产、经营活动。

农药生产企业、农药经营者招用前款规定的人员从事农药生产、经营活动的，由发证机关吊销农药生产许可证、农药经营许可证。

被吊销农药登记证的，国务院农业主管部门 5 年内不再受理其农药登记申请。

第六十四条 生产、经营的农药造成农药使用者人身、财产损害的，农药使用者可以向农药生产企业要求赔偿，也可以向农药经营者要求赔偿。属于农药生产企业责任的，农药经营者赔偿后有权向农药生产企业追偿；属于农药经营者责任的，农药生产企业赔偿后有权向农药经营者追偿。

第八章　附　　则

第六十五条 申请农药登记的，申请人应当按照自愿有偿的原则，与登记试验单位协商确定登记试验费用。

第六十六条 本条例自 2017 年 6 月 1 日起施行。

第二篇　农药经营许可管理办法

第一章　总　　则

第一条　为了规范农药经营行为，加强农药经营许可管理，根据《农药管理条例》，制定本办法。

第二条　农药经营许可的申请、审查、核发和监督管理，适用本办法。

第三条　在中华人民共和国境内销售农药的，应当取得农药经营许可证。

第四条　农业部负责监督指导全国农药经营许可管理工作。

限制使用农药经营许可由省级人民政府农业主管部门（以下简称省级农业部门）核发；其他农药经营许可由县级以上地方人民政府农业主管部门（以下简称县级以上地方农业部门）根据农药经营者的申请分别核发。

第五条　农药经营许可实行一企一证管理，一个农药经营者只核发一个农药经营许可证。

第六条　县级以上地方农业部门应当加强农药经营许可信息化管理，及时将农药经营许可、监督管理等信息上传至农业部规定的农药管理信息平台。

第二章　申请与受理

第七条　农药经营者应当具备下列条件：

（一）有农学、植保、农药等相关专业中专以上学历或者专业教育培训机构五十六学时以上的学习经历，熟悉农药管理规定，掌握农药和病虫害防治专业知识，能够指导安全合理使用农药的经营人员；

（二）有不少于三十平方米的营业场所、不少于五十平方米的仓储场所，并与其他商品、生活区域、饮用水源有效隔离；兼营其他农业投入品的，应当具有相对独立的农药经营区域；

（三）营业场所和仓储场所应当配备通风、消防、预防中毒等设施，有与所经营农药品种、类别相适应的货架、柜台等展示、陈列的设施设备；

（四）有可追溯电子信息码扫描识别设备和用于记载农药购进、储存、销售等电子台账的计算机管理系统；

（五）有进货查验、台账记录、安全管理、安全防护、应急处置、仓储管理、农药废弃物回收与处置、使用指导等管理制度和岗位操作规程；

（六）农业部规定的其他条件。

经营限制使用农药的，还应当具备下列条件：

（一）有熟悉限制使用农药相关专业知识和病虫害防治的专业技术人员，并有两年以上从事农学、植保、农药相关工作的经历；

（二）有明显标识的销售专柜、仓储场所及其配套的安全保障设施、设备；

（三）符合省级农业部门制定的限制使用农药的定点经营布局。

农药经营者的分支机构也应当符合本条第一款、第二款的相关规定。限制使用农药经营者的分支机构经营限制使用农药的，应当符合限制使用农药定点经营规定。

第八条 申请农药经营许可证的，应当向县级以上地方农业部门提交以下材料：

（一）农药经营许可证申请表；

（二）法定代表人（负责人）身份证明复印件；

（三）经营人员的学历或者培训证明；

（四）营业场所和仓储场所地址、面积、平面图等说明材料及照片；

（五）计算机管理系统、可追溯电子信息码扫描设备、安全防护、仓储设施等清单及照片；

（六）有关管理制度目录及文本；

（七）申请材料真实性、合法性声明；

（八）农业部规定的其他材料。

申请材料应当同时提交纸质文件和电子文档。

第九条 县级以上地方农业部门对申请人提交的申请材料，应当根据下列情况分别做出处理：

（一）不需要农药经营许可的，即时告知申请者不予受理；

（二）申请材料存在错误的，允许申请者当场更正；

（三）申请材料不齐全或者不符合法定形式的，应当当场或者在五个工作日内一次告知申请者需要补正的全部内容，逾期不告知的，自收到申请材料之日起即为受理；

（四）申请材料齐全、符合法定形式，或者申请者按照要求提交全部补正材料的，予以受理。

第三章 审查与决定

第十条 县级以上地方农业部门应当对农药经营许可申请材料进行审查，必要时进行实地核查或者委托下级农业主管部门进行实地核查。

第十一条 县级以上地方农业部门应当自受理之日起二十个工作日内做出审批决定。符合条件的，核发农药经营许可证；不符合条件的，书面通知申请人并说明理由。

第十二条 农药经营许可证应当载明许可证编号、经营者名称、住所、营业场所、仓储场所、经营范围、有效期、法定代表人（负责人）、统一社会信用代码等事项。

经营者设立分支机构的，还应当注明分支机构的营业场所和仓储场所地址等事项。

农药经营许可证编号规则为：农药经许+省份简称+发证机关代码+经营范围代码+顺序号（四位数）。

经营范围按照农药、农药（限制使用农药除外）分别标注。

农药经营许可证式样由农业部统一制定。

第四章　变更与延续

第十三条　农药经营许可证有效期为五年。农药经营许可证有效期内，改变农药经营者名称、法定代表人（负责人）、住所、调整分支机构，或者减少经营范围的，应当自发生变化之日起三十日内向原发证机关提出变更申请，并提交变更申请表和相关证明等材料。

原发证机关应当自受理变更申请之日起二十个工作日内办理。符合条件的，重新核发农药经营许可证；不符合条件的，书面通知申请人并说明理由。

第十四条　经营范围增加限制使用农药或者营业场所、仓储场所地址发生变更的，应当按照本办法的规定重新申请农药经营许可证。

第十五条　农药经营许可证有效期届满，需要继续经营农药的，农药经营者应当在有效期届满九十日前向原发证机关申请延续。

第十六条　申请农药经营许可证延续的，应当向原发证机关提交申请表、农药经营情况综合报告等材料。

第十七条　原发证机关对申请材料进行审查，未在规定期限内提交申请或者不符合农药经营条件要求的，不予延续。

第十八条　农药经营许可证遗失、损坏的，应当说明原因并提供相关证明材料，及时向原发证机关申请补发。

第五章　监督检查

第十九条　有下列情形之一的，不需要取得农药经营许可证：

（一）专门经营卫生用农药的；

（二）农药经营者在发证机关管辖的行政区域内设立分支机构的；

（三）农药生产企业在其生产场所范围内销售本企业生产的农药，或者向农药经营者直接销售本企业生产农药的。

第二十条　农药经营者应当将农药经营许可证置于营业场所的醒目位置，并按照《农药管理条例》规定，建立采购、销售台账，向购买人询问病虫害发生情况，必要时应当实地查看病虫害发生情况，科学推荐农药，正确说明农药的使用范围、使用方法和剂量、使用技术要求和注意事项，不得误导购买人。

限制使用农药的经营者应当为农药使用者提供用药指导，并逐步提供统一用药服务。

第二十一条　限制使用农药不得利用互联网经营。利用互联网经营其他农药的，应当取得农药经营许可证。

超出经营范围经营限制使用农药，或者利用互联网经营限制使用农药的，按照未取得农药经营许可证处理。

第二十二条　农药经营者应当在每季度结束之日起十五日内，将上季度农药经营数据上传至农业部规定的农药管理信息平台或者通过其他形式报发证机关备案。

农药经营者设立分支机构的，应当在农药经营许可证变更后三十日内，向分支机构所在地县级农业部门备案。

第二十三条　县级以上地方农业部门应当对农药经营情况进行监督检查，定期调查统计农药销售情况，建立农药经营诚信档案并予以公布。

第二十四条 县级以上地方农业部门发现农药经营者不再符合规定条件的，应当责令其限期整改；逾期拒不整改或者整改后仍不符合规定条件的，发证机关吊销其农药经营许可证。

第二十五条 有下列情形之一的，发证机关依法注销农药经营许可证：

（一）农药经营者申请注销的；

（二）主体资格依法终止的；

（三）农药经营许可有效期届满未申请延续的；

（四）农药经营许可依法被撤回、撤销、吊销的；

（五）依法应当注销的其他情形。

第二十六条 县级以上地方农业部门及其工作人员应当依法履行农药经营许可管理职责，自觉接受农药经营者和社会监督。

第二十七条 上级农业部门应当加强对下级农业部门农药经营许可管理工作的监督，发现有关工作人员有违规行为的，应当责令改正；依法应当给予处分的，向其任免机关或者监察机关提出处分建议。

第二十八条 县级以上农业部门及其工作人员有下列行为之一的，责令改正；对负有责任的领导人员和直接责任人员调查处理；依法给予处分；构成犯罪的，依法追究刑事责任：

（一）不履行农药经营监督管理职责，所辖行政区域的违法农药经营活动造成重大损失或者恶劣社会影响；

（二）对不符合条件的申请人准予经营许可或者对符合条件的申请人拒不准予经营许可；

（三）参与农药生产、经营活动；

（四）有其他徇私舞弊、滥用职权、玩忽职守行为。

第二十九条 任何单位和个人发现违法从事农药经营活动的，有权向农业部门举报，农业部门应当及时核实、处理，严格为举报人保密。经查证属实，并对生产安全起到积极作用或者挽回损失较大的，按照国家有关规定予以表彰或者奖励。

第三十条 农药经营者违法从事农药经营活动的，按照《农药管理条例》的规定处罚；构成犯罪的，依法追究刑事责任。

第六章 附 则

第三十一条 本办法自2017年8月1日起施行。

2017年6月1日前已从事农药经营活动的，应当自本办法施行之日起一年内达到本办法规定的条件，并依法申领农药经营许可证。

在本办法施行前已按有关规定取得农药经营许可证的，可以在有效期内继续从事农药经营活动，但经营限制使用农药的应当重新申请农药经营许可证；有效期届满，需要继续经营农药的，应当在有效期届满九十日前，按本办法的规定，重新申请农药经营许可证。

第三篇　农药采购管理制度

为遵守国家有关农药安全、合理使用规定，保护生态环境，防止人畜中毒，特制定本制度。

一、农药采购管理制度

1. 采购部根据农药经营部申报计划制定采购清单，经总经理审批后，采购符合规定的农药。

2. 所采购的农药需具备国家规定要求的“三证”：农药产品登记证、农药产品执行标准、农药生产批准文件。

二、农药仓库管理制度

1. 建立专用的农药产品存放库，库房要相对独立、干燥整洁、存取方便。

2. 农药库有专门的保管人员，并制定有相关的管理规定和农药使用责任制。

3. 有清晰、连续的农药出入库记录。

4. 农药按说明要求，分类分隔安全存放。

5. 每周清理农药库存一次，并做好弃置农药的有关记录。

三、弃置农药药液和农药包装器具处理规定

1. 农药库房出的农药数量应和回收的包装数量相符。

2. 空的包装袋，玻璃瓶，塑料瓶等分类放置，统一进行处理。

3. 过期的农药，破损的器具和容器应集中处理。

4. 定期（每季）对过期农药、包装箱具和农药容器进行无害化处理或由农药提供商统一进行回收处理。

5. 保留相关记录（弃置农药药液处理记录表；废弃农药包装箱器具处理记录表）。

四、安全管理制度

1. 认真贯彻执行《危险化学品安全管理条例》，坚持“安全第一，预防为主”的方针。

2. 经营危险化学品的场所和储存设施符合国家标准和规定。

3. 农药部经理和业务人员必须经过有关部门的安全培训，并取得上岗资格证，做到持证上岗。

4. 不得经营国家明令禁止的高毒、剧毒农药和杀鼠剂以及其他可能进入人民日常生活的化学产品。

5. 不得经营没有化学品安全技术说明书和安全标签的危险化学品。

6. 经营者必须了解和掌握自己所销售的农药存在的危险因素。

7. 农药不得与其他货物、危险化学品和日常用品混放在一起。

8. 不得销售假、冒、伪、劣和失效的农药。

9. 不得向未取得危险化学品生产（经营）许可证的企业采购产品。

10. 时刻注意防火、防盗、防中毒。

五、岗位操作规程

1. 严格按照国家《农药管理条例》和《危险化学品安全管理条例》及产品说明书正规销售。

2. 经营场所不得擅自离人，并做到持证上岗。

3. 不得混淆产品或卖错、拿错产品。

4. 农药摆放规范，销售要有详细的登记台账。

5. 一旦发现不安全因素，立即向有关部门报告。

六、事故应急救援措施

1. 发生事故（如火灾、中毒等），应立即拨打110或120急救电话，人员迅速撤离到安全区，防止人员伤亡。

2. 立即组织营救受害人员，组织撤离或者采取其他措施保护危害区域内的其他人员。

3. 迅速控制危险源，并对危险化学品造成的危害进行检测、监测，测定事故的危害区域、危险化学品性质及危害程度。

4. 针对事故对人体、动植物、土壤、水源、空气造成的现实危害和可能产生的危害，迅速采取封闭、隔离、洗消等措施。

第四篇　中华人民共和国农产品质量安全法

（2006年4月29日第十届全国人民代表大会常务委员会第二十一次会议通过）

第一章　总　　则

第一条　为保障农产品质量安全，维护公众健康，促进农业和农村经济发展，制定本法。

第二条　本法所称农产品，是指来源于农业的初级产品，即在农业活动中获得的植物、动物、微生物及其产品。

本法所称农产品质量安全，是指农产品质量符合保障人的健康、安全的要求。

第三条　县级以上人民政府农业行政主管部门负责农产品质量安全的监督管理工作；县级以上人民政府有关部门按照职责分工，负责农产品质量安全的有关工作。

第四条　县级以上人民政府应当将农产品质量安全管理工作纳入本级国民经济和社会发展规划，并安排农产品质量安全经费，用于开展农产品质量安全工作。

第五条　县级以上地方人民政府统一领导、协调本行政区域内的农产品质量安全工作，并采取措施，建立健全农产品质量安全服务体系，提高农产品质量安全水平。

第六条　国务院农业行政主管部门应当设立由有关方面专家组成的农产品质量安全风险评估专家委员会，对可能影响农产品质量安全的潜在危害进行风险分析和评估。

国务院农业行政主管部门应当根据农产品质量安全风险评估结果采取相应的管理措施，并将农产品质量安全风险评估结果及时通报国务院有关部门。

第七条 国务院农业行政主管部门和省、自治区、直辖市人民政府农业行政主管部门应当按照职责权限，发布有关农产品质量安全状况信息。

第八条 国家引导、推广农产品标准化生产，鼓励和支持生产优质农产品，禁止生产、销售不符合国家规定的农产品质量安全标准的农产品。

第九条 国家支持农产品质量安全科学技术研究，推行科学的质量安全管理方法，推广先进安全的生产技术。

第十条 各级人民政府及有关部门应当加强农产品质量安全知识的宣传，提高公众的农产品质量安全意识，引导农产品生产者、销售者加强质量安全管理，保障农产品消费安全。

第二章 农产品质量安全标准

第十一条 国家建立健全农产品质量安全标准体系。农产品质量安全标准是强制性的技术规范。

农产品质量安全标准的制定和发布，依照有关法律、行政法规的规定执行。

第十二条 制定农产品质量安全标准应当充分考虑农产品质量安全风险评估结果，并听取农产品生产者、销售者和消费者的意见，保障消费安全。

第十三条 农产品质量安全标准应当根据科学技术发展水平以及农产品质量安全的需要，及时修订。

第十四条 农产品质量安全标准由农业行政主管部门商有关部门组织实施。

第三章 农产品产地

第十五条 县级以上地方人民政府农业行政主管部门按照保障农产品质量安全的要求，根据农产品品种特性和生产区域大气、土壤、水体中有毒有害物质状况等因素，认为不适宜特定农产品生产的，提出禁止生产的区域，报本级人民政府批准后公布。具体办法由国务院农业行政主管部门商国务院环境保护行政主管部门制定。

农产品禁止生产区域的调整，依照前款规定的程序办理。

第十六条 县级以上人民政府应当采取措施，加强农产品基地建设，改善农产品的生产条件。

县级以上人民政府农业行政主管部门应当采取措施，推进保障农产品质量安全的标准化生产综合示范区、示范农场、养殖小区和无规定动植物疫病区的建设。

第十七条 禁止在有毒有害物质超过规定标准的区域生产、捕捞、采集食用农产品和建立农产品生产基地。

第十八条 禁止违反法律、法规的规定向农产品产地排放或者倾倒废水、废气、固体废物或者其他有毒有害物质。

农业生产用水和用作肥料的固体废物，应当符合国家规定的标准。

第十九条 农产品生产者应当合理使用化肥、农药、兽药、农用薄膜等化工产品，防止对农产品产地造成污染。

第四章 农产品生产

第二十条 国务院农业行政主管部门和省、自治区、直辖市人民政府农业行政主管部门应当制定保障农产品质量安全的生产技术要求和操作规程。县级以上人民政府农业行政主管部门应当加强对农产品生产的指导。

第二十一条 对可能影响农产品质量安全的农药、兽药、饲料和饲料添加剂、肥料、兽医器械，依照有关法律、行政法规的规定实行许可制度。

国务院农业行政主管部门和省、自治区、直辖市人民政府农业行政主管部门应当定期对可能危及农产品质量安全的农药、兽药、饲料和饲料添加剂、肥料等农业投入品进行监督抽查，并公布抽查结果。

第二十二条 县级以上人民政府农业行政主管部门应当加强对农业投入品使用的管理和指导，建立健全农业投入品的安全使用制度。

第二十三条 农业科研教育机构和农业技术推广机构应当加强对农产品生产者质量安全知识和技能的培训。

第二十四条 农产品生产企业和农民专业合作经济组织应当建立农产品生产记录，如实记载下列事项：

（一）使用农业投入品的名称、来源、用法、用量和使用、停用的日期；

（二）动物疫病、植物病虫草害的发生和防治情况；

（三）收获、屠宰或者捕捞的日期。

农产品生产记录应当保存二年。禁止伪造农产品生产记录。

国家鼓励其他农产品生产者建立农产品生产记录。

第二十五条 农产品生产者应当按照法律、行政法规和国务院农业行政主管部门的规定，合理使用农业投入品，严格执行农业投入品使用安全间隔期或者休药期的规定，防止危及农产品质量安全。

禁止在农产品生产过程中使用国家明令禁止使用的农业投入品。

第二十六条 农产品生产企业和农民专业合作经济组织，应当自行或者委托检测机构对农产品质量安全状况进行检测；经检测不符合农产品质量安全标准的农产品，不得销售。

第二十七条 农民专业合作经济组织和农产品行业协会对其成员应当及时提供生产技术服务，建立农产品质量安全管理制度，健全农产品质量安全控制体系，加强自律管理。

第五章　农产品包装和标识

第二十八条　农产品生产企业、农民专业合作经济组织以及从事农产品收购的单位或者个人销售的农产品，按照规定应当包装或者附加标识的，须经包装或者附加标识后方可销售。包装物或者标识上应当按照规定标明产品的品名、产地、生产者、生产日期、保质期、产品质量等级等内容；使用添加剂的，还应当按照规定标明添加剂的名称。具体办法由国务院农业行政主管部门制定。

第二十九条　农产品在包装、保鲜、贮存、运输中所使用的保鲜剂、防腐剂、添加剂等材料，应当符合国家有关强制性的技术规范。

第三十条　属于农业转基因生物的农产品，应当按照农业转基因生物安全管理的有关规定进行标识。

第三十一条　依法需要实施检疫的动植物及其产品，应当附具检疫合格标志、检疫合格证明。

第三十二条　销售的农产品必须符合农产品质量安全标准，生产者可以申请使用无公害农产品标志。农产品质量符合国家规定的有关优质农产品标准的，生产者可以申请使用相应的农产品质量标志。

禁止冒用前款规定的农产品质量标志。

第六章　监督检查

第三十三条　有下列情形之一的农产品，不得销售：

（一）含有国家禁止使用的农药、兽药或者其他化学物质的；

（二）农药、兽药等化学物质残留或者含有的重金属等有毒有害物质不符合农产品质量安全标准的；

（三）含有的致病性寄生虫、微生物或者生物毒素不符合农产品质量安全标准的；

（四）使用的保鲜剂、防腐剂、添加剂等材料不符合国家有关强制性的技术规范的；

（五）其他不符合农产品质量安全标准的。

第三十四条 国家建立农产品质量安全监测制度。县级以上人民政府农业行政主管部门应当按照保障农产品质量安全的要求，制定并组织实施农产品质量安全监测计划，对生产中或者市场上销售的农产品进行监督抽查。监督抽查结果由国务院农业行政主管部门或者省、自治区、直辖市人民政府农业行政主管部门按照权限予以公布。

监督抽查检测应当委托符合本法第三十五条规定条件的农产品质量安全检测机构进行，不得向被抽查人收取费用，抽取的样品不得超过国务院农业行政主管部门规定的数量。上级农业行政主管部门监督抽查的农产品，下级农业行政主管部门不得另行重复抽查。

第三十五条 农产品质量安全检测应当充分利用现有的符合条件的检测机构。

从事农产品质量安全检测的机构，必须具备相应的检测条件和能力，由省级以上人民政府农业行政主管部门或者其授权的部门考核合格。具体办法由国务院农业行政主管部门制定。

农产品质量安全检测机构应当依法经计量认证合格。

第三十六条 农产品生产者、销售者对监督抽查检测结果有异议的，可以自收到检测结果之日起五日内，向组织实施农产品质量安全监督抽查的农业行政主管部门或者其上级农业行政主管部门申请复检。

采用国务院农业行政主管部门会同有关部门认定的快速检测方法进行农产品质量安全监督抽查检测，被抽查人对检测结果有异议的，可以自收到检测结果时起四小时内申请复检。复检不得采用快速检测方法。

因检测结果错误给当事人造成损害的，依法承担赔偿责任。

第三十七条 农产品批发市场应当设立或者委托农产品质量安全检测机构，对进场销售的农产品质量安全状况进行抽查检测；发现不符合农产品质量安全标准的，应当要求销售者立即停止销售，并向农业行政主管部门报告。

农产品销售企业对其销售的农产品，应当建立健全进货检查验收制度；经查验不符合农产品质量安全标准的，不得销售。

第三十八条 国家鼓励单位和个人对农产品质量安全进行社会监督。任何单位和个人都有权对违反本法的行为进行检举、揭发和控告。有关部门收到相关的检举、揭发和控告后，应当及时处理。

第三十九条 县级以上人民政府农业行政主管部门在农产品质量安全监督检查中，可以对生产、销售的农产品进行现场检查，调查了解农产品质量安全的有关情况，查阅、复制与农产品质量安全有关的记录和其他资料；对经检测不符合农产品质量安全标准的农产品，有权查封、扣押。

第四十条 发生农产品质量安全事故时，有关单位和个人应当采取控制措施，及时向所在地乡级人民政府和县级人民政府农业行政主管部门报告；收到报告的机关应当及时处理并报上一级人民政府和有关部门。发生重大农产品质量安全事故时，农业行政主管部门应当及时通报同级食品药品监督管理部门。

第四十一条 县级以上人民政府农业行政主管部门在农产品质量安全监督管理中，发现有本法第三十三条所列情形之一的农产品，应当按照农产品质量安全责任追究制度的要求，查明责任人，依法予以处理或者提出处理建议。

第四十二条 进口的农产品必须按照国家规定的农产品质量安全标准进行检验；尚未制定有关农产品质量安全标准的，

应当依法及时制定，未制定之前，可以参照国家有关部门指定的国外有关标准进行检验。

第七章　法律责任

第四十三条　农产品质量安全监督管理人员不依法履行监督职责，或者滥用职权的，依法给予行政处分。

第四十四条　农产品质量安全检测机构伪造检测结果的，责令改正，没收违法所得，并处五万元以上十万元以下罚款，对直接负责的主管人员和其他直接责任人员处一万元以上五万元以下罚款；情节严重的，撤销其检测资格；造成损害的，依法承担赔偿责任。

农产品质量安全检测机构出具检测结果不实，造成损害的，依法承担赔偿责任；造成重大损害的，并撤销其检测资格。

第四十五条　违反法律、法规规定，向农产品产地排放或者倾倒废水、废气、固体废物或者其他有毒有害物质的，依照有关环境保护法律、法规的规定处罚；造成损害的，依法承担赔偿责任。

第四十六条　使用农业投入品违反法律、行政法规和国务院农业行政主管部门的规定的，依照有关法律、行政法规的规定处罚。

第四十七条　农产品生产企业、农民专业合作经济组织未建立或者未按照规定保存农产品生产记录的，或者伪造农产品生产记录的，责令限期改正；逾期不改正的，可以处二千元以下罚款。

第四十八条　违反本法第二十八条规定，销售的农产品未按照规定进行包装、标识的，责令限期改正；逾期不改正的，可以处二千元以下罚款。

第四十九条　有本法第三十三条第四项规定情形，使用的保鲜剂、防腐剂、添加剂等材料不符合国家有关强制性的技术规范的，责令停止销售，对被污染的农产品进行无害化处理，对不能进行无害化处理的予以监督销毁；没收违法所得，并处二千元以上二万元以下罚款。

第五十条 农产品生产企业、农民专业合作经济组织销售的农产品有本法第三十三条第一项至第三项或者第五项所列情形之一的，责令停止销售，追回已经销售的农产品，对违法销售的农产品进行无害化处理或者予以监督销毁；没收违法所得，并处二千元以上二万元以下罚款。

农产品销售企业销售的农产品有前款所列情形的，依照前款规定处理、处罚。

农产品批发市场中销售的农产品有第一款所列情形的，对违法销售的农产品依照第一款规定处理，对农产品销售者依照第一款规定处罚。

农产品批发市场违反本法第三十七条第一款规定的，责令改正，处二千元以上二万元以下罚款。

第五十一条 违反本法第三十二条规定，冒用农产品质量标志的，责令改正，没收违法所得，并处二千元以上二万元以下罚款。

第五十二条 本法第四十四条、第四十七条至第四十九条、第五十条第一款、第四款和第五十一条规定的处理、处罚，由县级以上人民政府农业行政主管部门决定；第五十条第二款、第三款规定的处理、处罚，由工商行政管理部门决定。

法律对行政处罚及处罚机关有其他规定的，从其规定。但是，对同一违法行为不得重复处罚。

第五十三条 违反本法规定，构成犯罪的，依法追究刑事责任。

第五十四条 生产、销售本法第三十三条所列农产品，给消费者造成损害的，依法承担赔偿责任。

农产品批发市场中销售的农产品有前款规定情形的，消费者可以向农产品批发市场要求赔偿；属于生产者、销售者责任的，农产品批发市场有权追偿。消费者也可以直接向农产品生产者、销售者要求赔偿。

第八章　附　　则

第五十五条　生猪屠宰的管理按照国家有关规定执行。

第五十六条　本法自 2006 年 11 月 1 日起施行。

第五篇　农药登记试验管理办法

第一章　总　　则

第一条　为了保证农药登记试验数据的完整性、可靠性和真实性，加强农药登记试验管理，根据《农药管理条例》，制定本办法。

第二条　申请农药登记的，应当按照本办法进行登记试验。

开展农药登记试验的，申请人应当报试验所在地省级人民政府农业主管部门（以下简称省级农业部门）备案；新农药的登记试验，还应当经农业部审查批准。

第三条　农业部负责新农药登记试验审批、农药登记试验单位认定及登记试验的监督管理，具体工作由农业部所属的负责农药检定工作的机构承担。

省级农业部门负责本行政区域的农药登记试验备案及相关监督管理工作，具体工作由省级农业部门所属的负责农药检定工作的机构承担。

第四条　省级农业部门应当加强农药登记试验监督管理信息化建设，及时将登记试验备案及登记试验监督管理信息上传至农业部规定的农药管理信息平台。

第二章　试验单位认定

第五条　申请承担农药登记试验的机构，应当具备下列条件：

（一）具有独立的法人资格，或者经法人授权同意申请并承诺承担相应法律责任；

（二）具有与申请承担登记试验范围相匹配的试验场所、

环境设施条件、试验设施和仪器设备、样品及档案保存设施等；

（三）具有与其确立了合法劳动或者录用关系，且与其所申请承担登记试验范围相适应的专业技术和管理人员；

（四）建立完善的组织管理体系，配备机构负责人、质量保证部门负责人、试验项目负责人、档案管理员、样品管理员和相应的试验与工作人员等；

（五）符合农药登记试验质量管理规范，并制定了相应的标准操作规程；

（六）有完成申请试验范围相关的试验经历，并按照农药登记试验质量管理规范运行六个月以上；

（七）农业部规定的其他条件。

第六条 申请承担农药登记试验的机构应当向农业部提交以下资料：

（一）农药登记试验单位考核认定申请书；

（二）法人资格证明复印件，或者法人授权书；

（三）组织机构设置与职责；

（四）试验机构质量管理体系文件（标准操作规程）清单；

（五）试验场所、试验设施、实验室等证明材料以及仪器设备清单；

（六）专业技术和管理人员名单及相关证明材料；

（七）按照农药登记试验质量管理规范要求运行情况的说明，典型试验报告及其相关原始记录复印件。

申请资料应当同时提交纸质文件和电子文档。

第七条 农业部对申请人提交的资料进行审查，材料不齐全或者不符合法定形式的，应当当场或者在五个工作日内一次告知申请者需要补正的全部内容；申请资料齐全、符合法定形式，或者按照要求提交全部补正资料的，予以受理。

第八条 农业部对申请资料进行技术评审，所需时间不计算审批期限内，不得超过六个月。

第九条 技术评审包括资料审查和现场检查。

资料审查主要审查申请人组织机构、试验条件与能力匹配性、质量管理体系及相关材料的完整性、真实性和适宜性。

现场检查主要对申请人质量管理体系运行情况、试验设施设备条件、试验能力等情况进行符合性检查。

具体评审规则由农业部另行制定。

第十条 农业部根据评审结果在二十个工作日内做出审批决定，符合条件的，颁发农药登记试验单位证书；不符合条件的，书面通知申请人并说明理由。

第十一条 农药登记试验单位证书有效期为五年，应当载明试验单位名称、法定代表人（负责人）、住所、实验室地址、试验范围、证书编号、有效期等事项。

第十二条 农药登记试验单位证书有效期内，农药登记试验单位名称、法定代表人（负责人）名称或者住所发生变更的，应当向农业部提出变更申请，并提交变更申请表和相关证明等材料。农业部应当自受理变更申请之日起二十个工作日内做出变更决定。

第十三条 农药登记试验单位证书有效期内，有下列情形之一的，应当向农业部重新申请：

（一）试验单位机构分设或者合并的；

（二）实验室地址发生变化或者设施条件发生重大变化的；

（三）试验范围增加的；

（四）其他事项。

第十四条 农药登记试验单位证书有效期届满，需要继续从事农药登记试验的，应当在有效期届满六个月前，向农业部重新申请。

第十五条 农药登记试验单位证书遗失、损坏的，应当说明原因并提供相关证明材料，及时向农业部申请补发。

第三章　试验备案与审批

第十六条　开展农药登记试验之前，申请人应当向登记试验所在地省级农业部门备案。备案信息包括备案人、产品概述、试验项目、试验地点、试验单位、试验时间、安全防范措施等。

第十七条　开展新农药登记试验的，应当向农业部提出申请，并提交以下资料：

（一）新农药登记试验申请表；

（二）境内外研发及境外登记情况；

（三）试验范围、试验地点（试验区域）及相关说明；

（四）产品化学信息及产品质量符合性检验报告；

（五）毒理学信息；

（六）作物安全性信息；

（七）环境安全信息；

（八）试验过程中存在或者可能存在的安全隐患；

（九）试验过程需要采取的安全性防范措施；

（十）申请人身份证明文件。

申请资料应当同时提交纸质文件和电子文档。

第十八条　农业部对申请人提交的申请资料，应当根据下列情况分别做出处理：

（一）农药登记试验不需要批准的，即时告知申请者不予受理；

（二）申请资料存在错误的，允许申请者当场更正；

（三）申请资料不齐全或者不符合法定形式的，应当当场或者在五个工作日内一次告知申请者需要补正的全部内容，逾期不告知的，自收到申请资料之日起即为受理；

（四）申请资料齐全、符合法定形式，或者申请者按照要求提交全部补正资料的，予以受理。

第十九条 农业部应当自受理之日起四十个工作日内对试验安全风险及其防范措施进行审查，做出审批决定。符合条件的，准予登记试验，颁发新农药登记试验批准证书；不符合条件的，书面通知申请人并说明理由。

第二十条 新农药登记试验批准证书应当载明试验申请人、农药名称、剂型、有效成分及含量、试验范围，试验证书编号及有效期等事项。

新农药登记试验批准证书式样由农业部制定。证书编号规则为“SY+年号+顺序号”，年号为证书核发年份，用四位阿拉伯数字表示；顺序号用三位阿拉伯数字表示。

新农药登记试验批准证书有效期五年。五年之内未开展试验的，应当重新申请。

第四章 登记试验基本要求

第二十一条 农药登记试验样品应当是成熟定型的产品，具有产品鉴别方法、质量控制指标和检测方法。

申请人应当对试验样品的真实性和一致性负责。

第二十二条 申请人应当将试验样品提交所在地省级农药检定机构进行封样，提供农药名称、有效成分及其含量、剂型、样品生产日期、规格与数量、储存条件、质量保证期等信息，并附具产品质量符合性检验报告及相关谱图。

第二十三条 所封试验样品由省级农药检定机构和申请人各留存一份，保存期限不少于两年，其余样品由申请人送至登记试验单位开展试验。

第二十四条 封存试验样品不足以满足试验需求或者试验样品已超过保存期限，仍需要进行试验的，申请人应当按本办法规定重新封存样品。

第二十五条 申请人应当向农药登记试验单位提供试验样品的农药名称、含量、剂型、生产日期、储存条件、质量保证期等信息及安全风险防范措施。属于新农药的，还应当提供新农药登记试验批准证书复印件。

农药登记试验单位应当查验封样完整性、样品信息符合性。

第二十六条 农药登记试验单位接受申请人委托开展登记试验的，应当与申请人签订协议，明确双方权利与义务。

第二十七条 农药登记试验应当按照法定农药登记试验技术准则和方法进行。尚无法定技术准则和方法的，由申请人和登记试验单位协商确定，且应当保证试验的科学性和准确性。

农药登记试验过程出现重大安全风险时，试验单位应当立即停止试验，采取相应措施防止风险进一步扩大，并报告试验所在地省级农业部门，通知申请人。

第二十八条 试验结束后，农药登记试验单位应当按照协议约定，向申请人出具规范的试验报告。

第二十九条 农药登记试验单位应当将试验计划、原始数据、标本、留样被试物和对照物、试验报告及与试验有关的文字材料保存至试验结束后至少七年，期满后可移交申请人保存。申请人应当保存至农药退市后至少五年。

质量容易变化的标本、被试物和对照物留样样品等，其保存期应以能够进行有效评价为期限。

试验单位应当长期保存组织机构、人员、质量保证部门检查记录、主计划表、标准操作规程等试验机构运行与质量管理记录。

第五章　监督检查

第三十条 省级农业部门、农业部对农药登记试验单位和登记试验过程进行监督检查，重点检查以下内容：

（一）试验单位资质条件变化情况；

（二）重要试验设备、设施情况；

（三）试验地点、试验项目等备案信息是否相符；

（四）试验过程是否遵循法定的技术准则和方法；

（五）登记试验安全风险及其防范措施的落实情况；

（六）其他不符合农药登记试验质量管理规范要求或者影响登记试验质量的情况。

发现试验过程存在难以控制安全风险的，应当及时责令停止试验或者终止试验，并及时报告农业部。

发现试验单位不再符合规定条件的，应当责令改进或者限期整改，逾期拒不整改或者整改后仍达不到规定条件的，由农业部撤销其试验单位证书。

第三十一条　农药登记试验单位应当每年向农业部报送本年度执行农药登记试验质量管理规范的报告。

第三十二条　省级以上农业部门应当组织对农药登记试验所封存的农药试验样品的符合性和一致性进行监督检查，并及时将监督检查发现的问题报告农业部。

第三十三条　农药登记试验单位出具虚假登记试验报告的，依照《农药管理条例》第五十一条的规定处罚。

第六章　附　　则

第三十四条　现有农药登记试验单位无法承担的试验项目，由农业部指定的单位承担。

第三十五条　本办法自 2017 年 8 月 1 日起施行。

在本办法施行前农业部公布的农药登记试验单位，在有效期内可继续从事农药登记试验；有效期届满，需要继续从事登记试验的，应当按照本办法的规定申请试验单位认定。

第六篇　农药标签和说明书管理办法

第一章　总　　则

第一条　为了规范农药标签和说明书的管理，保证农药使用的安全，根据《农药管理条例》，制定本办法。

第二条　在中国境内经营、使用的农药产品应当在包装物表面印制或者贴有标签。产品包装尺寸过小、标签无法标注本办法规定内容的，应当附具相应的说明书。

第三条　本办法所称标签和说明书，是指农药包装物上或者附于农药包装物的，以文字、图形、符号说明农药内容的一切说明物。

第四条　农药登记申请人应当在申请农药登记时提交农药标签样张及电子文档。附具说明书的农药，应当同时提交说明书样张及电子文档。

第五条　农药标签和说明书由农业部核准。农业部在批准农药登记时公布经核准的农药标签和说明书的内容、核准日期。

第六条　标签和说明书的内容应当真实、规范、准确，其文字、符号、图形应当易于辨认和阅读，不得擅自以粘贴、剪切、涂改等方式进行修改或者补充。

第七条　标签和说明书应当使用国家公布的规范化汉字，可以同时使用汉语拼音或者其他文字。其他文字表述的含义应当与汉字一致。

第二章　标注内容

第八条　农药标签应当标注下列内容：

（一）农药名称、剂型、有效成分及其含量；

（二）农药登记证号、产品质量标准号以及农药生产许可证号；

（三）农药类别及其颜色标志带、产品性能、毒性及其标识；

（四）使用范围、使用方法、剂量、使用技术要求和注意事项；

（五）中毒急救措施；

（六）储存和运输方法；

（七）生产日期、产品批号、质量保证期、净含量；

（八）农药登记证持有人名称及其联系方式；

（九）可追溯电子信息码；

（十）像形图；

（十一）农业部要求标注的其他内容。

第九条 除第八条规定内容外，下列农药标签标注内容还应当符合相应要求：

（一）原药（母药）产品应当注明“本品是农药制剂加工的原材料，不得用于农作物或者其他场所。”且不标注使用技术和使用方法。但是，经登记批准允许直接使用的除外；

（二）限制使用农药应当标注“限制使用”字样，并注明对使用的特别限制和特殊要求；

（三）用于食用农产品的农药应当标注安全间隔期，但属于第十八条第三款所列情形的除外；

（四）杀鼠剂产品应当标注规定的杀鼠剂图形；

（五）直接使用的卫生用农药可以不标注特征颜色标志带；

（六）委托加工或者分装农药的标签还应当注明受托人的农药生产许可证号、受托人名称及其联系方式和加工、分装日期；

（七）向中国出口的农药可以不标注农药生产许可证号，应当标注其境外生产地，以及在中国设立的办事机构或者代理机构的名称及联系方式。

第十条 农药标签过小，无法标注规定全部内容的，应当至少标注农药名称、有效成分含量、剂型、农药登记证号、净含量、生产日期、质量保证期等内容，同时附具说明书。说明书应当标注规定的全部内容。

登记的使用范围较多，在标签中无法全部标注的，可以根据需要，在标签中标注部分使用范围，但应当附具说明书并标注全部使用范围。

第十一条 农药名称应当与农药登记证的农药名称一致。

第十二条 联系方式包括农药登记证持有人、企业或者机构的住所和生产地的地址、邮政编码、联系电话、传真等。

第十三条 生产日期应当按照年、月、日的顺序标注，年份用四位数字表示，月、日分别用两位数表示。产品批号包含生产日期的，可以与生产日期合并表示。

第十四条 质量保证期应当规定在正常条件下的质量保证期限，质量保证期也可以用有效日期或者失效日期表示。

第十五条 净含量应当使用国家法定计量单位表示。特殊农药产品，可根据其特性以适当方式表示。

第十六条 产品性能主要包括产品的基本性质、主要功能、作用特点等。对农药产品性能的描述应当与农药登记批准的使用范围、使用方法相符。

第十七条 使用范围主要包括适用作物或者场所、防治对象。

使用方法是指施用方式。

使用剂量以每亩使用该产品的制剂量或者稀释倍数表示。种子处理剂的使用剂量采用每100公斤种子使用该产品的制剂量表示。特殊用途的农药，使用剂量的表述应当与农药登记批准的内容一致。

第十八条 使用技术要求主要包括施用条件、施药时期、次数、最多使用次数，对当茬作物、后茬作物的影响及预防措施，以及后茬仅能种植的作物或者后茬不能种植的作物、间隔时间等。

限制使用农药，应当在标签上注明施药后设立警示标志，并明确人畜允许进入的间隔时间。

安全间隔期及农作物每个生产周期的最多使用次数的标注应当符合农业生产、农药使用实际。下列农药标签可以不标注安全间隔期：

（一）用于非食用作物的农药；

（二）拌种、包衣、浸种等用于种子处理的农药；

（三）用于非耕地（牧场除外）的农药；

（四）用于苗前土壤处理剂的农药；

（五）仅在农作物苗期使用一次的农药；

（六）非全面撒施使用的杀鼠剂；

（七）卫生用农药；

（八）其他特殊情形。

第十九条 毒性分为剧毒、高毒、中等毒、低毒、微毒五个级别，分别用“标识”和“剧毒”字样、“标识”和“高毒”字样、“标识”和“中等毒”字样、“标识”和“微毒”字样标注。标识应当为黑色，描述文字应当为红色。

由剧毒、高毒农药原药加工的制剂产品，其毒性级别与原药的最高毒性级别不一致时，应当同时以括号标明其所使用的原药的最高毒性级别。

第二十条 注意事项应当标注以下内容：

（一）对农作物容易产生药害，或者对病虫容易产生抗性的，应当标明主要原因和预防方法；

（二）对人畜、周边作物或者植物、有益生物（如蜜蜂、鸟、蚕、蚯蚓、天敌及鱼、水蚤等水生生物）和环境容易产生不利影响的，应当明确说明，并标注使用时的预防措施、施用器械的清洗要求；

（三）已知与其他农药等物质不能混合使用的，应当标明；

（四）开启包装物时容易出现药剂撒漏或者人身伤害的，应当标明正确的开启方法；

（五）施用时应当采取的安全防护措施；

（六）国家规定禁止的使用范围或者使用方法等。

第二十一条 中毒急救措施应当包括中毒症状及误食、吸入、眼睛溅入、皮肤沾附农药后的急救和治疗措施等内容。

有专用解毒剂的，应当标明，并标注医疗建议。

剧毒、高毒农药应当标明中毒急救咨询电话。

第二十二条 储存和运输方法应当包括储存时的光照、温度、湿度、通风等环境条件要求及装卸、运输时的注意事项，并标明“置于儿童接触不到的地方”“不能与食品、饮料、粮食、饲料等混合储存”等警示内容。

第二十三条 农药类别应当采用相应的文字和特征颜色标志带表示。

不同类别的农药采用在标签底部加一条与底边平行的、不褪色的特征颜色标志带表示。

除草剂用“除草剂”字样和绿色带表示；杀虫（螨、软体动物）剂用“杀虫剂”或者“杀螨剂”“杀软体动物剂”字样和红色带表示；杀菌（线虫）剂用“杀菌剂”或者“杀线虫剂”字样和黑色带表示；植物生长调节剂用“植物生长调节剂”字样和深黄色带表示；杀鼠剂用“杀鼠剂”字样和蓝色带表示；杀虫/杀菌剂用“杀虫/杀菌剂”字样、红色和黑色带表示。农药类别的描述文字应当镶嵌在标志带上，颜色与其形成明显反差。其他农药可以不标注特征颜色标志带。

第二十四条 可追溯电子信息码应当以二维码等形式标注，能够扫描识别农药名称、农药登记证持有人名称等信息。信息码不得含有违反本办法规定的文字、符号、图形。

可追溯电子信息码格式及生成要求由农业部另行制定。

第二十五条 像形图包括储存像形图、操作像形图、忠告像形图、警告像形图。像形图应当根据产品安全使用措施的需要选择，并按照产品实际使用的操作要求和顺序排列，但不得代替标签中必要的文字说明。

第二十六条 标签和说明书不得标注任何带有宣传、广告色彩的文字、符号、图形，不得标注企业获奖和荣誉称号。法律、法规或者规章另有规定的，从其规定。

第三章 制作、使用和管理

第二十七条 每个农药最小包装应当印制或者贴有独立标签，不得与其他农药共用标签或者使用同一标签。

第二十八条 标签上汉字的字体高度不得小于1.8毫米。

第二十九条 农药名称应当显著、突出，字体、字号、颜色应当一致，并符合以下要求：

（一）对于横版标签，应当在标签上部三分之一范围内中间位置显著标出；对于竖版标签，应当在标签右部三分之一范围内中间位置显著标出；

（二）不得使用草书、篆书等不易识别的字体，不得使用斜体、中空、阴影等形式对字体进行修饰；

（三）字体颜色应当与背景颜色形成强烈反差；

（四）除因包装尺寸的限制无法同行书写外，不得分行书写。

除“限制使用”字样外，标签其他文字内容的字号不得超过农药名称的字号。

第三十条 有效成分及其含量和剂型应当醒目标注在农药名称的正下方（横版标签）或者正左方（竖版标签）相邻位置（直接使用的卫生用农药可以不再标注剂型名称），字体高度不得小于农药名称的二分之一。

混配制剂应当标注总有效成分含量以及各有效成分的中文通用名称和含量。各有效成分的中文通用名称及含量应当醒目标注在农药名称的正下方（横版标签）或者正左方（竖版标签），字体、字号、颜色应当一致，字体高度不得小于农药名称的二分之一。

第三十一条 农药标签和说明书不得使用未经注册的商标。

标签使用注册商标的，应当标注在标签的四角，所占面积不得超过标签面积的九分之一，其文字部分的字号不得大于农药名称的字号。

第三十二条 毒性及其标识应当标注在有效成分含量和剂型的正下方（横版标签）或者正左方（竖版标签），并与背景颜色形成强烈反差。

像形图应当用黑白两种颜色印刷，一般位于标签底部，其尺寸应当与标签的尺寸相协调。

安全间隔期及施药次数应当醒目标注，字号大于使用技术要求其他文字的字号。

第三十三条 “限制使用”字样，应当以红色标注在农药标签正面右上角或者左上角，并与背景颜色形成强烈反差，其字号不得小于农药名称的字号。

第三十四条 标签中不得含有虚假、误导使用者的内容，有下列情形之一的，属于虚假、误导使用者的内容：

（一）误导使用者扩大使用范围、加大用药剂量或者改变使用方法的；

（二）卫生用农药标注适用于儿童、孕妇、过敏者等特殊人群的文字、符号、图形等；

（三）夸大产品性能及效果、虚假宣传、贬低其他产品或者与其他产品相比较，容易给使用者造成误解或者混淆的；

（四）利用任何单位或者个人的名义、形象作证明或者推荐的；

（五）含有保证高产、增产、铲除、根除等断言或者保证，含有速效等绝对化语言和表示的；

（六）含有保险公司保险、无效退款等承诺性语言的；

（七）其他虚假、误导使用者的内容。

第三十五条 标签和说明书上不得出现未经登记批准的使用范围或者使用方法的文字、图形、符号。

第三十六条 除本办法规定应当标注的农药登记证持有人、企业或者机构名称及其联系方式之外，标签不得标注其他任何企业或者机构的名称及其联系方式。

第三十七条 产品毒性、注意事项、技术要求等与农药产品安全性、有效性有关的标注内容经核准后不得擅自改变，许可证书编号、生产日期、企业联系方式等产品证明性、企业相关性信息由企业自主标注，并对真实性负责。

第三十八条 农药登记证持有人变更标签或者说明书有关产品安全性和有效性内容的，应当向农业部申请重新核准。

农业部应当在三个月内做出核准决定。

第三十九条 农业部根据监测与评价结果等信息，可以要求农药登记证持有人修改标签和说明书，并重新核准。

农药登记证载明事项发生变化的，农业部在做出准予农药登记变更决定的同时，对其农药标签予以重新核准。

第四十条 标签和说明书重新核准三个月后，不得继续使用原标签和说明书。

第四十一条 违反本办法的，依照《农药管理条例》有关规定处罚。

第四章　附　　则

第四十二条 本办法自2017年8月1日起施行。2007年12月8日农业部公布的《农药标签和说明书管理办法》同时废止。

现有产品标签或者说明书与本办法不符的，应当自2018年1月1日起使用符合本办法规定的标签和说明书。

相关法规复习题

一、单项选择题：

1.《农药管理条例》是(　　)由国务院颁布实施的。

A. 2001-11-29　　B. 1997-5-8

C. 1999-4-27　　D. 1997-5-27

2.《农药管理条例》适用范围在中华人民共和国境内(　　)。

A. 生产农药的　　B. 经营农药的

C. 使用农药的　　D. 生产、经营、使用农药的

3. 国家鼓励和支持研制、生产和使用(　　)。

A. 生物农药

B. 安全、高效、经济的农药

C. 高效、快捷农药

D. 见效快、防效好的剧毒、高毒农药

4. 处于哪个登记阶段的农药不可销售(　　)。

A. 分装登记阶段　　B. 临时登记阶段

C. 正式登记阶段　　D. 田间试验阶段

5. 农药使用者应当严格按照(　　)使用农药。

A. 电视广告宣传的方法

B. 以前用过同类的农药的方法

C. 经营者讲的方法

D. 农药标签或者说明书规定的事项

6. 生产、经营产品包装上未附标签、标签残缺不清或者擅自修改标签内容的农药产品的，由农业行政主管部门给予警告，没收违法所得，可以并处违法所得(　　)倍以下的罚款；没有违法所得的，可以并处(　　)万元以下的罚款；构成犯罪的，依法追究刑事责任。

A. 3，5　　B. 5，3

C. 3，3　　D. 5，5

7. 自(　　)年1月1日起，全面禁止甲胺磷等5种高毒有机磷农药在农业上使用。
A. 2005　　B. 2006
C. 2007　　D. 2008
8. 使用农药应当遵守农药(　　)，正确配药、施药，做好废弃物处理和安全防护工作。
A. 常用的习惯　　B. 防毒规程
C. 产品标准
9. 农药产品包装必须贴有(　　)或者附具说明书。
A. 商品名称　　B. 标签
C. 中文通用名
10. 农药临时登记证的有效期可以续展，累积有效期不得超过(　　)年。
A. 1　　B. 2
C. 3　　D. 4
11. 《农药管理条例》第四十五条规定：“违反本条例规定，造成农药中毒、环境污染、药害等事故或者其他经济损失的，应当依法赔偿。”这属于承担(　　)。
A. 行政法律责任　　B. 刑事责任
C. 民事责任
12. 任何单位和个人不得生产、经营和使用国家明令禁止生产或者(　　)的农药。
A. 分装登记　　B. 临时登记
C. 撤销登记
13. 农药经营单位对所经营农药应当进行或委托进行(　　)。
A. 包装检验　　B. 质量检验
C. 药效试验
14. 农药经营单位向农民销售农药时，应当提供农药(　　)和安全使用注意事项等服务。
A. 质量检验报告　　B. 登记证书

C. 使用技术

15. 农药的安全间隔期是根据农药在作物上的允许残留量，结合其他条件，制定出来某种农药在某种作物收获前最后(　　)使用的日期。

A. 一周　　B. 一天

C. 一次

16. 使用农药后，残存在植物体内、土壤和环境中的农药及其有毒代谢物的量称为(　　)。

A. 农药降解　　B. 农药残毒

C. 农药残留

17. 农药经营者在购进农药时，应当将农药产品与(　　)核对无误。

A. 产品产地

B. 产品质量合格证

C. 农药登记证、准产证

D. 农药生产批准文件、产品标准

18. 农药产品超过质量保证期限销售时，不必通过(　　)。

A. 经省级以上农药检定机构检验

B. 经工商部门批准

C. 检验符合标准的，在规定期限内可以销售

D. 销售时必须注明“过期农药”字样，附具使用方法和用量

19. 使用农药应当注意保护环境、有益生物和珍稀物种。严禁用农药毒(　　)等。

A. 鼠　　B. 害虫

C. 鸟　　D. 病菌

20. 生产、经营假农药、劣质农药的，尚不构成刑事责任的，由农业行政主管部门或者法律、行政法规规定的其他有关部门给予(　　)，构成犯罪的，依法追究刑事责任。

A. 没收假农药、劣质农药和违法所得，并处违法所得 10

倍以上 20 倍以下的罚款

B. 没有违法所得，并处 5 万元以下罚款

C. 情节严重的，由农业行政主管部门吊销农药登记证或者农药临时登记证，由工业产品许可管理部门吊销农药生产许可证或者农药生产批准文件

D. 没收违法所得，并处 10 万元以下的罚款

21. 需在农药标签上注明的是（ ）。

A. 农药名称　　B. 农药毒性

C. 农药的有效成分　　D. 合格证号

22. 高毒农药不得用于防治卫生害虫，可以用于( )上。

A. 蔬菜　　B. 瓜果

C. 玉米　　D. 中草药材

23. 直接销售农药的工作人员须持有( )，方有资格从事农药销售工作。

A. 农药登记证　　B. 农药临时登记证

C. 农药田间试验批准证书　　D. 农药经营上岗证

24. 下列哪一项内容可以不在标签或者说明书上注明( )。

A. 分装单位　　B. 代理单位

C. 解毒措施　　D. 使用技术

25. 农药经营单位应当按照国家有关规定做好农药储备工作。贮存农药应当建立和执行( )，确保农药产品的质量和安全。

A. 环境污染防治制度　　B. 安全防护制度

C. 仓储保管制度　　D. 防火防盗制度

26. 农药经营单位销售农药必须( )。

A. 提供票证　　B. 保证重量

C. 科学指导　　D. 保证质量

27. 安全间隔期是指( )。

A. 第一次施药距第二次施药的天数

B. 第一次施药距收获的天数

C. 第二次施药距收获的天数

D. 最后一次施药距收获的天数

28. 农药的空瓶或包装物应(　　)。

A. 统一回收利用

B. 当作燃料焚烧

C. 集中丢到田埂路边

D. 洗净后再利用

29. 废弃农药应(　　)。

A. 倒入水中　　B. 倒入沟中

C. 集中处理　　D. 挖坑深埋

30. 农药应储存在(　　)的仓库中。

A. 防热、防火、防潮、防冻

B. 框架结构

C. 凉爽、干燥、通风、避光

D. 砖混结构

31. 农药严禁与(　　)同仓储存。

A. 化肥、石灰等碱性物质

B. 粮食、瓜果、蔬菜、饲料等

C. 汽油、柴油等

D. 农具、器皿等

32. 下列哪种因素不是引起药害的原因。(　　)

A. 作物　　B. 环境

C. 土壤　　D. 病虫

33. 国家农药合理使用准则规定：2%叶蝉散粉剂在水稻上最后一次施药距水稻收获的天数为(　　)。

A. 13 天　　B. 14 天

C. 15 天　　D. 16 天

34. 国家农药合理使用准则规定：3%呋喃丹颗粒剂在水稻上最后一次施药距水稻收获的天数为(　　)。

A. 40 天　　B. 50 天

C. 60 天　　　D. 70 天

35. 登录中国农药信息网查询农药标签信息需输入(　　)。
A. 农药登记证号或者农药临时登记证号
B. 商标注册证
C. 农药生产许可证或者农药生产批准文件号
D. 产品执行标准号

36. 国家禁用农药(　　)种。
A. 5　　　B. 16
C. 18　　　D. 23

37. 农药登记的前两位字母 PD 表示该农药已获得(　　)。
A. 分装登记　　　B. 原药登记
C. 正式登记　　　D. 临时登记

38. 避免农药废弃物对人畜生命安全和环境的影响，制定农药废弃物处置的办法和规定。不合适的处理方法是(　　)。
A. 扔掉　　　B. 回收
C. 保管　　　D. 转运

39. 不属于农药的“三致”作用是指(　　)。
A. 致畸　　　B. 致残
C. 致突变　　　D. 致癌

40. 农药登记证由(　　)颁发。
A. 农业部　　　B. 农业厅
C. 农业局　　　D. 农药检定管理所

41. 下列哪种农药是国家禁用农药。(　　)
A. 氟乙酰胺　　　B. 卡草胺
C. 毒草胺　　　D. 吡草胺

42. 下列哪种农药是国家禁用农药。(　　)
A. 氟乙酸钠　　　B. 鼠立死
C. 毒鼠磷　　　D. 杀鼠灵

43. 下列哪种农药不是国家禁用农药。(　　)
A. 甘氟　　　B. 毒鼠强

C. 毒鼠硅　　D. 氟鼠酮

44. 下列哪种农药是国家禁用农药。(　　)

A. 狄氏剂　　B. 氟虫脲

C. 氟啶胺　　D. 苯酮唑

45. 下列哪种农药不是国家禁用农药。(　　)

A. 毒杀芬　　B. 二溴氯丙烷

C. 二溴乙烷　　D. 氟虫腈

46. 下列哪种农药可以在蔬菜、果树、茶叶、中草药材上使用。(　　)

A. 克百威　　B. 涕灭威

C. 甲基异柳磷　　D. 甲氰菊酯

47. 国家对获得首次登记的、含有新化合物的农药的申请人提交的其自己所取得且未披露的试验数据和其他数据实施保护，具体保护期限为(　　)。

A. 自登记之日起 5 年内　　B. 自登记之日起 6 年内

C. 自登记之日起 7 年内　　D. 自登记之日起 8 年内

48. 国家农药合理使用准则规定：1.8%阿维菌素乳油在柑橘上最后一次施药距柑橘采收的天数为(　　)。

A. 14 天　　B. 15 天

C. 16 天　　D. 17 天

49. 国家农药合理使用准则规定：70%杀螺胺可湿性粉剂在水稻上最后一次施药距水稻收获的天数为(　　)。

A. 51 天　　B. 52 天

C. 53 天　　D. 54 天

50. 国家农药合理使用准则规定：80%大生-M_{45}可湿性粉剂在番茄上最后一次施药距番茄采摘的天数为(　　)。

A. 13 天　　B. 14 天

C. 15 天　　D. 16 天

51. 国家农药合理使用准则规定：48%乐斯本乳油在柑橘上最后一次施药距柑橘采收的天数为(　　)。

A. 28 天　　B. 29 天

C. 30 天　　D. 31 天

52. 国家农药合理使用准则规定：20%甲氰菊酯乳油在茶叶上最后一次施药距茶叶采摘的天数为(　　)。

A. 6 天　　B. 7 天

C. 8 天　　D. 9 天

53. 国家农药合理使用准则规定：20%甲氰菊酯乳油在柑橘上最后一次施药距柑橘采收的天数为(　　)。

A. 10 天　　B. 20 天

C. 30 天　　D. 40 天

54. 国家农药合理使用准则规定：20%甲氰菊酯乳油在叶菜上最后一次施药距叶菜采收的天数为(　　)。

A. 3 天　　B. 4 天

C. 5 天　　D. 6 天

55. 国家农药合理使用准则规定：2.5%敌杀死乳油在茶叶上最后一次施药距茶叶采摘的天数为(　　)。

A. 3 天　　B. 4 天

C. 5 天　　D. 6 天

56. 国家农药合理使用准则规定：2.5%敌杀死乳油在柑橘上最后一次施药距柑橘采收的天数为(　　)。

A. 28 天　　B. 29 天

C. 30 天　　D. 31 天

57. 国家农药合理使用准则规定：2.5%敌杀死乳油在叶菜上最后一次施药距叶菜采收的天数为(　　)。

A. 1 天　　B. 2 天

C. 3 天　　D. 4 天

58. 下列哪些农药不得用于茶树上。(　　)

A. 三氟氯氰菊酯　　B. 溴氰菊酯

C. 氰戊菊酯　　D. 苏云金杆菌

59. 下列哪种农药可以在蔬菜、果树、茶叶、中草药材上使

用。(　　)

A. 溴氰菊酯　　B. 甲基硫环磷

C. 治螟磷　　D. 涕灭威

60. 国家实行农药登记制度，下列哪些情形不必遵从该规定(　　)。

A. 生产农药　　B. 进口农药

C. 分装农药

D. 经正式登记和临时登记的农药，在登记有效期限内改变生产厂名或分装厂名、厂址

61. 农药经营单位购进农药，应当将(　　)核对无误，并进行质量检验。

A. 农药产品与购销凭证或者托运单

B. 农药产品与产品质量检验报告

C. 农药产品与产品质量合格证

D. 农药数量与产品质量合格证

62. 《危险化学品安全管理条例》所称重大危险源，是指生产、运输、使用、储存危险化学品或者处置废弃危险化学品，且危险化学品的数量等于或者超过(　　)的单元（包括场所和设施）。

A. 安全量　　B. 储存量

C. 危险量　　D. 临界量

63. 危险化学品经营单位变更单位名称、经济类型或者注册的法定代表人或负责人，应当于变更之日起(　　)内，向原发证机关申办变更手续，换发新的经营许可证。

A. 1 个月　　B. 20 个工作日

C. 3 个月　　D. 30 个工作日

64. 危险化学品经营许可证(　　)更换一次。

A. 每五年　　B. 每二年

C. 每三年　　D. 每年

65. 经营零售化学品业务的店面其存放危险化学品的库房应有

实墙相隔，单一品种存放量和总质量分别不能超过(　　)。

A. 300kg 和 1000kg　　B. 500kg 和 1500kg

C. 500kg 和 2000kg　　D. 200kg 和 2500kg

66. 生产经营单位的主要负责人依照《中华人民共和国安全生产法》第八十条规定受刑事处罚或者撤职处分的，自刑罚执行完毕或者受处分之日起，(　　)内不得担任任何生产经营单位的主要负责人。

A. 二年　　B. 三年

C. 四年　　D. 五年

67. 生产、储存、使用剧毒化学品的单位，应当对本单位的生产、储存装置(　　)进行一次安全评价。

A. 一年　　B. 二年

C. 三年　　D. 四年

68. 危险化学品的生产、储存、使用单位，应当在生产、储存和使用场所设置通讯、报警装置，并保证在(　　)下处于正常适用状态。

A. 生产情况　　B. 任何情况

C. 使用情况　　D. 检测情况

69. 危险化学品经营许可证有效期满后，经营单位继续从事危险化学品经营活动的，应当在经营许可证有效期满前(　　)内向原发证机关提出换证申请。

A. 1 个月　　B. 2 个月

C. 3 个月　　D. 6 个月

70. 危险化学品单位从事生产、经营、储存、运输、使用危险化学品或者处置废弃危险化学品活动的人员，必须接受有关法律、法规、规章和安全知识、专业技术、职业卫生防护和应急救援知识的培训，并经(　　)，方可上岗作业。

A. 培训　　B. 教育

C. 考核合格　　D. 评议

71. 经营化学品零售业务的店面经营面积（不含库房）应不少于(　　)。

A. 30m^2　　B. 60m^2

C. 100m^2　　D. 150m^2

72. 单位临时需要购买剧毒化学品的应凭本单位出具的证明到设区的市级(　　)申领准购证，凭准购证购买。

A. 安全生产管理部门　　B. 卫生部门

C. 技术监督部门　　D. 公安部门

73. 生产、使用除剧毒化学品以外其他危险化学品的单位，应当对本单位的生产、储存装置每(　　)进行一次安全评价。

A. 一年　　B. 二年

C. 三年　　D. 四年

74. 农药零售单位店面应与繁华商业区或人口稠密区等距离至少保持(　　)。

A. 500 米　　B. 1000 米

C. 2000 米　　D. 1500 米

75. 生产经营单位的安全生产管理人员应当根据本单位的生产经营特点，对安全生产状况进行经常性检查；对检查中发现的安全问题，应当立即处理；不能处理的，应当及时报告(　　)。

A. 上级主管部门　　B. 安全生产监督部门

C. 本单位有关负责人　　D. 企业负责人

76. 爆炸品仓库库房内部照明应采用(　　)灯具，开关应设在库房外面。

A. 防爆型　　B. 普通型

C. 节能型　　D. 白炽型

77. 每种化学品最多可选用(　　)标志。

A. 一个　　B. 二个

C. 三个　　D. 四个

78. 危险化学品必须储存在专用仓库、专用场地或者专用储存室内，储存方式、方法与储存数量必须符合(　　)，并由专人管理。危险化学品出入库，必须进行核查登记。库存危险化学品应当定期检查。

A. 企业或行业标准　　B. 国际或企业标准

C. 国家标准　　D. 企业标准

79. 《危险化学品安全管理条例》所称危险化学品，包括(　　)类危险物品。

A. 6　　B. 7

C. 8　　D. 9

80. 危险化学品必须储存在(　　)或者专用的储存室内。

A. 专用仓库、专用场所　　B. 专用仓库、专用场地

C. 专用仓库、专用库区　　D. 专用库区、专用场地

81. 通过公路运输危险化学品的，托运人应当向目的地的县级人民政府公安部门申请办理剧毒品(　　)。

A. 交通运输许可证　　B. 公路运输许可证

C. 安全运输通行证　　D. 道路安全通行证

82. 《危险化学品安全管理条例》规定有关部门派出的工作人员依法进行监督检查时，应当(　　)。

A. 事先通知　　B. 出示通知书

C. 出示证件　　D. 说明单位

83. 国家对危险化学品的(　　)实行统一规划、合理布局和严格控制。

A. 生产和使用　　B. 生产和运输

C. 生产和储存　　D. 生产和经营

84. 危险化学品生产企业销售其生产的危险化学品时，应当提供与危险化学品完全一致的化学品(　　)，并在包装上加贴或者拴挂与包装内危险化学品完全一致的化学品。

A. 安全使用说明书安全标签

B. 安全技术说明书运输标签

C. 安全技术说明书安全标签

D. 合格证商标

85. 国家对危险化学品经营实行(　　)制度。

A. 审查　　B. 备案

C. 许可　　D. 审批

二、判断题（对的打“√”，错的打“×”）

1. 农药使用者应当严格按照产品标签规定的剂量、防治对象、使用方法、施药适期、注意事项施用农药，不得随意改变。(　　)

2. 任何单位或个人都可以经营农药。(　　)

3. 农业行政主管部门有权按照规定对辖区内的农药生产、经营和使用单位的农药进行定期和不定期监督、检查，必要时按照规定抽取样品和索取有关资料，有关单位和个人不得拒绝和隐瞒。(　　)

4. 禁止销售农药残留量超过标准的农副产品。(　　)

5. 农药毒性小，可以与百货、副食品同车运输。(　　)

6. 农药的“三证”是指农药准产证、生产质量标准证和农药登记证。(　　)

7. 运输农药时，专车、专船运输，可与种子混装。(　　)

8. 危险化学品生产单位危险化学品的生产能力、年需要量、最大储量不需要进行登记。(　　)

9. 严禁儿童、老人、体弱多病者、经期、孕期、哺乳期妇女参与施用农药。(　　)

10. 危险化学品生产单位销售危险化学品，不再办理经营许可证。(　　)

11. 储存危险化学品的建筑物可以是地上建筑、地下室或其他地下建筑。(　　)

12. 申请危险化学品经营许可证之前必须经具有资质的安全评价机构，对申请许可证单位的经营条件进行安全评价。(　　)

13. 经营农药期间可以在农药经营场所做饭和居住。（　）
14. 在贮存农药时，重点是隔热防晒，避免高温。堆放时箱口朝上，保持干燥通风。（　）
15. 农药“三证”是指农药登记证号或者农药临时登记证号、农药生产许可证或者农药生产批准文件号、产品质量合格证、产品执行标准号。（　）
16. 农药登记证有效期为五年；农药临时登记证有效期为一年，可以续展，累积有效期不得超过三年。（　）
17. 中华人民共和国《农药管理条例》自 1997 年 5 月 8 日起执行。（　）
18. 互为禁忌物料只要隔开就可以装在同一车、船内运输。（　）
19. 生产、经营、储存、使用危化品的车间、商店、仓库不得于员工宿舍在同一建筑物内，并应当与员工宿舍保持安全距离。（　）
20. 取得乙种经营许可证的单位可经营销售剧毒化学品和其他危险化学品。（　）
21. 危险化学品生产单位已取得生产许可证，在经营销售危险化学品时，就不再办理经营许可证。（　）
22. 乙类危险化学品分装、改装、开箱（桶）检查等应在库房内进行。（　）
23. 剧毒物品的库房应使用密闭防护措施。（　）
24. 对危险性不明的化学品，生产单位应在 24 个月内办理登记手续。（　）
25. 人可以长期吸入氧气，而且氧气越纯越好。因为纯氧的氧化性是很大的，肺泡承受不住。（　）
26. 申请危险化学品经营许可证之前必须经具有资质的安全评价机构，对申请许可证单位的经营条件进行安全评价。（　）
27. 剧毒、高毒农药不得用于防治卫生害虫，不得用于蔬菜、

瓜果、茶叶和中草药材。 ( )

28. 农药的原药生产、制剂加工和分装也必须进行登记。 ( )

29. 取得乙种经营许可证的单位可经营销售剧毒化学品和其他危险化学品。 ( )

30. 超过产品质量保证期限的农药产品，只要自行注明“过期农药”字样即可以销售。 ( )

31. 进口农药可以不必取得农药登记证或者农药临时登记证。 ( )

32. 剧毒物品的库房应使用密闭防护措施。 ( )

33. 在农药生产、运输、销售和使用过程中，直接接触者可以通过呼吸道、皮肤和消化道等途径吸收中毒。 ( )

笔 记

笔　记

笔　记